水华蓝藻胞外聚合物作用及效应

徐华成　江和龙　著

科　学　出　版　社

北　京

内 容 简 介

本书是一部介绍水华蓝藻胞外聚合物（EPS）作用及效应的专著。全书共分 7 章，内容包括水华蓝藻 EPS 的时空分布特征及其提取操作优化，基于三维荧光–平行因子分析的水华蓝藻 EPS 组分分析方法及其与蓝藻生物量的相关性，EPS 在环境条件下的光及微生物降解、行为特征，基于表面热力学和扩展 DLVO 理论解析的 EPS 对水华形成的定量机理解析，EPS 中荧光和非荧光物质与金属污染物的络合特征和机理，EPS 与胶体颗粒的表面作用特征以及 EPS 和环境因子对胶体颗粒分散/团聚行为的影响及机理等。本书对认识水华蓝藻胞外聚合物作用及效应具有重要的价值，可加深对湖泊蓝藻水华成因及污染物循环过程的理解，同时对湖泊环境治理及科学预测并有效预防水华发生也具有重要指导意义。

本书可供湖泊学、生态学、环境科学与工程、生物地球化学和水环境管理等相关领域的研究人员和管理人员、高等院校师生参考。

图书在版编目（CIP）数据

水华蓝藻胞外聚合物作用及效应 / 徐华成，江和龙著. —北京：科学出版社，2018.10
　ISBN 978-7-03-058925-5

　Ⅰ. ①水…　Ⅱ. ①徐…　②江…　Ⅲ. ①蓝藻纲-藻类水华-研究
Ⅳ. ①Q949.22

　中国版本图书馆 CIP 数据核字（2018）第 218225 号

责任编辑：李涪汁　沈　旭 / 责任校对：彭　涛
责任印制：张　伟 / 封面设计：许　瑞

科 学 出 版 社 出版
北京东黄城根北街 16 号
邮政编码：100717
http://www.sciencep.com

北京教图印刷有限公司 印刷
科学出版社发行　各地新华书店经销
*
2018 年 10 月第 一 版　　开本：720 × 1000　1/16
2018 年 10 月第一次印刷　　印张：8 3/4
字数：180 000

定价：79.00 元
（如有印装质量问题，我社负责调换）

前　言

　　蓝藻水华是指水体中蓝藻快速大量繁殖形成肉眼可见的蓝藻群体，且在水面漂浮积聚形成绿色藻席甚至藻浆的一种现象。蓝藻水华可降低水体透明度、减少水体植物多样性、导致湖泊生态灾害、危害人体健康等。蓝藻生长和水华形成主要受外界环境因子如温度、营养盐、pH、光照及水力学条件影响，近年来关于胞外有机质对水华蓝藻形成的促进作用逐渐受到研究者关注。胞外聚合物（EPS）是蓝藻细胞在其生长繁殖过程中产生的一种黏性生物大分子有机物质，可黏附聚集单个蓝藻细胞形成蓝藻群体，在适宜的环境条件下上浮至水面从而形成蓝藻水华。

　　此外，水华蓝藻 EPS 含有丰富的有机组分和官能团，可高效吸附/络合污染物，是污染物迁移转化的重要载体。蓝藻水华不同生消阶段 EPS 的结构组成及分子量分布具有显著差异性，可影响湖泊水体重金属的络合/释放特征：一方面，EPS 的芳香性、分子量、腐殖类及疏水性物质含量减小可降低污染物络合性能，提高水体自由态金属浓度；另一方面，随着 EPS 组分分解和结构重组，原本与有机质结合的重金属会经历释放、再结合过程，从而改变其形态分配特征。除此之外，由于其高分子量特征，EPS 还可高效吸附在胶体颗粒表面并改变胶体颗粒的分散/团聚环境行为，进而影响水体透明度和初级生产力。例如，水华蓝藻 EPS 既可通过表面电荷排斥和空间位阻效应促进胶体颗粒的分散，又可通过电荷中和或桥联作用抑制其分散行为。所以，水华蓝藻 EPS 具有明显的成华作用和环境效应，是近年来研究者关注的热点问题。通过对水华蓝藻 EPS 作用和效应的研究，可加深对湖泊蓝藻水华成因及污染物循环过程的理解，同时对湖泊环境治理及科学预测并有效预防水华发生也具有重要指导意义。

　　本书是作者及其所在团队近年来在水华蓝藻 EPS 分析及其作用和效应等方面的最新研究成果。全书共分 7 章：第 1 章由徐华成和江和龙完成，综述了湖泊富营养化和水华蓝藻 EPS 组成、来源及其水环境效应；第 2 章由徐华成完成，介绍了水华蓝藻 EPS 的时空分布特征及其提取操作优化；第 3 章由徐华成和江和龙完成，介绍了基于三维荧光–平行因子分析的水华蓝藻 EPS 组分分析方法及其与蓝藻生物量的相关性；第 4 章由徐华成和叶天然完成，介绍了 EPS 的光和微生物降解特征，以及 EPS 分子在环境条件下的行为特征；第 5 章由徐华成完成，介绍了表面热力学和扩展 DLVO 理论并以此解析 EPS 对水华形成的定量机理；第 6 章由徐华成和江和龙完成，介绍了 EPS 与金属污染物的络合特征和机理，重点阐述了 EPS 中荧光和非荧光物质的络合特征；第 7 章由徐华成和许梦文完成，介绍了 EPS 与胶体颗粒的表面作用特征，重点阐述 EPS 和环境因子对胶体颗粒分散/团聚行为的影响及机理。

感谢国家自然科学基金项目"湖泊蓝藻胞外聚合物的分布特征、组分变化及其对水华形成的机理研究"（51209192）、"蓝藻水华对湖泊水体矿质胶体颗粒分散/团聚及界面吸附特性的影响及机理"（51479187）和中国科学院青年创新促进会（2016286）的资助。

作　者

2018 年 6 月

目　　录

第1章　蓝藻水华及胞外聚合物

1.1　湖泊蓝藻水华

1.1.1　湖泊富营养化与蓝藻水华

我国是一个多湖泊国家，这些数量众多的湖泊提供了防洪灌溉、水产养殖、用水供水及调节气候等功能，对社会进步和经济发展起到不可估量的作用，是人们生活中不可缺少的宝贵资源（金相灿和屠清瑛，1990；成小英和李世杰，2006；吴庆龙等，2008）。但是，近年来随着我国经济的发展和居民活动范围的扩大，大量农业、工业和生活污水进入湖泊水体，加上围湖造田、砍伐森林、过度网箱养鱼等行为造成湖泊生态环境急剧恶化，已逐渐呈现富营养化状态，特别是长江中下游人口密集地区（Ryding and Walter, 1992；董广霞和毛剑英，2005；黄智华等，2008；秦伯强等，2013）。湖泊富营养化问题已经影响到人们的生产生活和社会的可持续发展，并已成为我国水体的一个重要环境问题。

关于湖泊富营养化的定义，通常是指湖泊水体接纳过量的氮、磷等营养物质，造成藻类和其他水生生物大量繁殖，水体透明度和溶解氧含量显著下降，从而使水体的生态系统和水功能受到损害。另一种定义方法是由于过量的营养物质、有机物质和淤泥的进入，导致湖泊生物产量增加和湖体体积缩小的过程。该定义除营养盐外，还强调了有机物质和底泥的输入，因为有机物质可显著引起水体体积缩小和溶解氧消耗，并通过矿化作用从沉积物中释放营养物质。淤泥的输入可减小水域面积和水体深度，还能吸附营养盐和有机物质并沉积到水体底部，再次释放后极易引起水体生物的大量繁殖。当这些水生生物及藻类死亡后，释放的有机物和营养物会进一步加剧水体的富营养化程度。

湖泊水体富营养化原因可笼统地归因于天然富营养化和人为富营养化两种。在自然条件下，雨水对大气的淋洗和对地表的冲刷，以及水土流失等过程将营养物质带入湖泊水体即为天然富营养化。这一自然过程很缓慢，需要几千年甚至上万年才能完成。随着现代文明的发展，人类活动会极速加剧这一过程，特别是在人类对环境资源的开发利用和工农业快速发展的背景下，大量未经过处理的工业废水和生活污水排入湖泊，导致水体营养物质含量快速增加和浮游生物大量繁殖，即人为富营养化。

根据《2014 年中国环境状况公报》显示（表 1-1），全国 62 个国控重点湖泊（水库）水质按功能高低划分为 5 类，仅有 3.4%的湖泊（水库）水质为Ⅰ类，有 30.4%的湖泊（水库）满足Ⅱ类水质，29.3%满足Ⅲ类水质，20.9%为Ⅳ类水质，6.8%为Ⅴ类水质，剩下的 9.2%为劣Ⅴ类水质。从水质整体状况来看，虽呈逐渐改善态势，但Ⅰ类水质正逐年减少且仍有 30%左右的湖泊（水库）处于富营养状态。这些富营养化湖泊水体的主要污染指标为总磷（TP）、化学需氧量（COD）和高锰酸盐指数（COD_{Mn}）等（中华人民共和国环境保护部，2015）。

表 1-1　2005~2014 年我国重点湖泊（水库）水质类别及主要污染指标

年度	总数	所占比例/%						主要污染指标
		Ⅰ类	Ⅱ类	Ⅲ类	Ⅳ类	Ⅴ类	劣Ⅴ类	
2014	62	3.4	30.4	29.3	20.9	6.8	9.2	COD、TP、BOD_5
2013	62	4.7	35.1	22.5	13.1	5.1	19.5	NH_4^--N、COD、COD_{Mn}
2012	62	8.1	20.9	32.3	25.8	1.6	11.3	TP、COD、COD_{Mn}
2011	26	3.8	15.4	23.1	34.6	15.4	7.7	TP、COD
2010	26	0	3.8	19.2	15.4	23.1	38.5	TP、TN
2009	26	0	3.9	19.2	23.1	19.2	34.6	TP、TN
2008	28	0	14.3	7.1	21.4	17.9	39.3	TP、TN
2007	28	0	7.1	21.4	14.3	17.9	39.3	TP、TN
2006	27	0	7.4	22.2	3.7	18.5	48.2	TP、TN
2005	28	0	7.1	21.4	10.7	17.9	42.9	TP、TN

蓝藻水华是水体富营养化过程中常见的一种自然现象，而且也是发生最多、影响最大的水华类型。蓝藻水华的发生机制可归为两个方面：一类是物理、化学等非生物学因素，包括光照、温度、营养盐、气候条件等；另一类是水华蓝藻的生理生态策略等生物学机制（黄玉瑶，2001；陈兰周等，2003；胡鸿钧，2011；秦伯强等，2013）。但是需要指出的是，蓝藻水华的形成并不是某一影响因素单独作用的结果，而是这些影响因素相互作用的综合体现。

主要的物理因素如下：①水体滞留时间，当水的流速小于水华藻类的生长速度，藻类容易聚集上浮至水面形成蓝藻水华；②水体混合程度，当湖泊水体混合尤其是垂向混合幅度较弱时有利于蓝藻颗粒聚集进而诱发蓝藻水华；③光照，光照条件是促进蓝藻水华发生的重要因素，蓝藻细胞通过吸收太阳光辐射来完成光合作用，提高其生物量并最终形成蓝藻水华；④温度，当水体温度低于 20℃时不利于蓝藻水华的形成，相反，当温度升高时则有利于蓝藻水华形成。

化学因素：①pH，浮游植物的群落组成受 pH 的影响，当 pH<6.0 时有利于真核藻类的生长，但当 pH>8.0 时则有利于蓝藻的生长；②N 和 P 等生源要素输入，氮磷生源要素输入是影响蓝藻水华形成的要素因子，N/P 比值不超过 20 时，容易形成蓝藻水华；③盐度，某些水华种类的生长与持续时间受盐度的影响，适宜的盐度范围可促进藻类的生长和蓝藻水华的形成。

生物学影响因素：①固氮能力，在贫营养的条件下，有些具有异形胞的蓝藻，如拟柱孢藻、鱼腥藻、束丝藻，可以通过固定空气中氮气作为氮源，供给蓝藻细胞生长；②低光补偿机制，蓝藻除了含有叶绿素与类胡萝卜素外，还含有藻蓝素和藻红素，故其在较弱光照条件下也可以充分吸收太阳光，如蓝藻可以吸收波长 $500\sim650\text{nm}$ 的橙色光，而其他藻类则不能利用该区间的太阳光；③自主浮力调节机制，水华蓝藻具有调节细胞沉浮的结构——伪空胞，可根据外界环境的光照条件，通过控制伪空胞的破裂与合成来自主调节细胞浮力，如低光照时通过增加伪空胞的数量来增大浮力，从而用于获得更多的光照，而强光照时则通过减少伪空胞内蛋白质含量来降低浮力；④无机碳浓缩机制，在低浓度的 CO_2 环境下，水华蓝藻为了能够持续稳定地生长，能够最大限度地吸收利用环境中的无机碳源，藻细胞内 CO_2 的浓度比外界环境要高几百倍甚至几千倍，从而可以维持蓝藻的生长状态；⑤休眠机制，水华蓝藻在冬季等条件不利的情况下，会产生休眠体沉入沉积物底泥中，等来年气温升高时，休眠体经过复苏、萌发、繁殖、上浮，再次形成水华；⑥奢侈消费机制，当环境中有过量的磷、氮等营养物时，藻类就会表现出奢侈吸收，以可贮存利用的形式储藏在细胞内，当环境中的营养盐缺少时，水华蓝藻可以利用细胞储存的营养盐进行繁殖，而不会因为环境中营养物缺乏影响其生长；⑦生态位替补竞争机制，水华蓝藻暴发时，往往不是单一蓝藻种类，通常都是几种、十几种甚至几十种，在环境变化条件下一个物种不适应时，另一种最适合、竞争力最强的物种就会成为水华的优势种；⑧产毒机制，蓝藻毒素是蓝藻的次级代谢产物，许多水华蓝藻都可以产生蓝藻毒素，如微囊藻毒素、节球藻毒素、拟柱孢藻毒素等，这些毒素能抑制其他竞争者的生长或者能防止捕食者的捕食。

1.1.2　蓝藻水华对水环境系统的危害

当蓝藻水华发生时，大量蓝藻堆积在水面形成蓝藻藻浆，引起水体透明度下降、溶解氧减少、鱼虾大量死亡等恶性生态灾害。同时，水华蓝藻腐烂衰亡时也会释放出大量藻毒素和恶臭气体，给水生物和人类健康安全带来极大的威胁。蓝藻水华的危害主要有以下几个方面。

1）对生态系统的影响

水体是一种生物与环境、生物与生物之间相互依存和制约的复杂生态系统，系统中的物质循环和能量流动处于相对稳定和动态平衡的状态。但是，蓝藻水华的发生会打破这种稳定平衡状态。由于藻类的过量繁殖，水面被藻类遮盖，阳光难以进入深层水体，抑制了深层水体内生物的光合作用，降低了水体溶解氧浓度。此外，死亡藻体沉到底部加剧了底部溶解氧的消耗，使水体大面积处于厌氧状态，影响水体生物的正常生长、发育和繁殖，破坏了原有的生态平衡。

2）对水域景观和水产养殖的影响

洁净宽阔的水域是人们旅游所向往和青睐的地方，但在水华暴发区域，水面漂浮着大量藻类生物及死去的水生动物，破坏了旅游区的秀丽风光，使原本的地产价值和旅游消费受到严重损失。

除影响旅游业发展外，蓝藻水华暴发还危害水产养殖和捕捞业。有些藻类的分泌液或死亡后分解产生的黏液可附着在鱼虾贝类的鳃部，造成这些鱼虾贝类窒息死亡。同时，当这些鱼虾贝类食用了含有毒素的藻类后，会直接或间接地在体内积累毒素甚至中毒死亡。此外，藻类死亡后的分解过程还会大量消耗水体中的溶解氧，使水生生物窒息死亡。

3）对城镇供水的影响

湖泊、水库通常是城镇供水水源，但当这些湖泊、水库暴发蓝藻水华后会对城镇居民的稳定供水带来极大的隐患，具体表现有：①水中大量的藻类和水生生物可使滤池堵塞，降低过滤效率，破坏其正常运行。同时，水生浮游动物和其他一些水生生物可穿过水处理构筑物进入供水系统，水体中微生物如线虫、苔藓虫等会在配水系统中大量繁殖，造成滤网、阀门、水表等堵塞失效。②藻类产生的微量有机物会降低絮凝效率，造成出水浑浊。③蓝藻水华区域的湖库底部常处于缺氧状态，水体中 Fe^{2+}、Mn^{2+} 浓度较高，使供水水质下降及洗涤物变色。此外，沉积物厌氧发酵产生的甲烷气体及水中过量的 $NH_4^-\text{-}N$ 都会影响加氯消毒等处理工艺，造成出水水质恶化。

4）对人体健康的危害

全世界已有很多关于蓝藻水华对人和动物产生危害的报道。蓝藻毒素是蓝藻的次级代谢产物，可作用于人和动物的皮肤、肝脏、神经等部位。例如，人类在游泳、洗澡时接触到含有藻毒素的水体可引起皮肤过敏，长期饮用含藻毒素的水体可引发肝癌。此外，藻毒素还可以在鱼虾贝类等水生生物体内积累，并通过食物链的累积效应对人体健康产生毒害。

1.2　水华蓝藻胞外聚合物（EPS）

胞外聚合物（extracellular polymeric substance, EPS）是在一定环境条件下，

由微生物细胞分泌的，包被在微生物表面和位于微生物聚集体之间的一种三维胶状高分子聚合物，同时还包括环境中有机物的水解产物、某些微生物细胞脱落物和微生物细胞自溶所释放的物质等（Xu et al., 2013，2014）。环境中不同微生物所产生 EPS 的组成及含量会有所差别，但主要是由蛋白质和糖类组成，还包括少量的核酸和腐殖酸等。EPS 广泛存在于微生物细胞表面和微生物聚集体间，在稳定微生物群体空间构型、微生物细胞间的信息交流、形成保护层抵御有害物质入侵和微生物与环境介质相互作用（吸附、吸收、络合）等方面发挥着重要作用（Ge et al., 2014）。

　　湖泊水体蓝藻细胞颗粒产生的 EPS 可将单个蓝藻颗粒黏附聚集成蓝藻群体，并在适宜条件下上浮至水面形成蓝藻水华。根据蓝藻 EPS 与细胞结合的紧密程度，可将 EPS 分为三种形态，即紧密结合态 EPS（TB-EPS）、松散结合态 EPS（LB-EPS）和溶解态 EPS（SL-EPS）（图 1-1）。SL-EPS 分布于蓝藻胶群体最外层，多以胶体状或溶解性分子形式存在，极易分散到水相，是水体中溶解性有机质的重要来源。TB-EPS 位于蓝藻胶群体内层，与细胞表面结合紧密，稳定地附着于细胞壁外，具有一定的外形。LB-EPS 位于 TB-EPS 外层，结构比较松散，属于可向周围环境扩展、无明显边缘的黏液层。LB-EPS 和 TB-EPS 也会在一定的水动力条件下剥离脱落下来，释放到水中。不同形态的 EPS 与细胞间的黏附效果和结合状态的差异性主要与其含量和有机组分有关。一般来说，TB-EPS 中糖类含量较高，LB-EPS 中蛋白质和腐殖酸含量较高，而 SL-EPS 中单糖和腐殖酸含量较高（Hu et al., 2003; Li and Yang, 2007）。

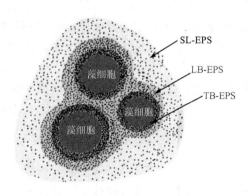

图 1-1　EPS 与蓝藻细胞结合形态分布示意图

1.2.1　EPS 组成、来源及性质

　　EPS 通常含有蛋白质、多糖、核酸、脂类、腐殖酸和富里酸等物质，这些有机组分表面一般带有多种官能团，如羧基、羟基、氨基和酰胺基等。同时，

不同基质条件下产生的 EPS 也含有一些无机成分，如各种形态的钙、镁、铁等。微生物细胞种类是引起 EPS 结构组成差异性的最主要影响因子，此外一些其他因素如培养基、环境条件、过程参数、提取和分析方法等也是造成 EPS 结构组成差异性的重要原因。

EPS 的来源途径主要有：微生物细胞的分泌物、细胞衰亡产生的物质和从周围环境中吸附的物质等。活细胞会主动分泌产生并释放 EPS，如革兰氏阴性菌可主动释放细胞膜外层中的脂多糖，这种细胞物质的释放可能是由于不断更新的新陈代谢过程。细胞死亡和自溶释放的化合物是 EPS 的另一来源，如胞内有机聚合物聚-β-羟基烷链酸酯（PHA）或糖原，本来是作为能源或细胞壁和细胞膜成分，但是随着细胞死亡和自溶后可释放到胞外。此外，微生物细胞在新陈代谢过程中还会吸附、吸收环境介质中的有机/无机生源要素至细胞表面，这是微生物细胞 EPS 的另一个重要来源（Plude et al., 1991; Otero and Vincenzini, 2003; Parikh and Madamwar, 2006）。

EPS 作为高分子量有机聚合物具有许多特有的属性，如吸附性、亲/疏水性、环境降解性、生物活性等。在这些诸多属性中，对生态系统和环境污染物影响最为显著的是 EPS 的吸附性和亲/疏水性特征。

1）吸附性质

吸附性质是 EPS 的一种最主要性质。由于 EPS 絮体表面含有大量金属和有机物质吸附位点，如蛋白质上的烷烃物质、脂肪族化合物以及糖类中的疏水性区域等，这些吸附位点的存在使 EPS 能够轻易地与许多物质发生相互作用。EPS 能够通过络合作用吸附重金属，EPS 中的蛋白质、糖类和核酸等物质都能与重金属构成络合体。大量研究表明，微生物表面 EPS 含量的升高可以增加其对金属离子的吸附性能。除重金属离子外，微生物 EPS 絮体还能吸附一些单一和/或复合污染物。如有研究表明，微生物 EPS 絮体可吸附约 60%的苯、甲苯、二甲苯等复合污染物，而仅有 40%的污染物被微生物细胞表面吸附。

2）亲/疏水性质

EPS 含有多种带电基团（如羧基、羟基等）和非极性基团（如芳香族化合物、蛋白质中脂肪族化合物和糖类中疏水区域），是同时包含有亲水性和疏水性基团的两性物质。EPS 的亲/疏水性显著影响微生物细胞的亲/疏水性和它们在环境介质中的作用，亲水性和疏水性基团的相对比值与 EPS 的成分组成和官能团含量有关。有研究还表明，EPS 中的疏水区域对有机污染物的吸附具有积极作用。此外，EPS 主要通过两种途径结合水：一是静电相互作用，主要是由于水分子的永久偶极与 EPS 中的基团如羧基和羟基的永久或诱导偶极之间存在静电相互作用；二是氢键作用，水分子和聚糖中的羧基基团形成氢键。

1.2.2　EPS 对水环境效应影响

1）对颗粒聚集和蓝藻水华形成的影响

EPS 是决定蓝藻细胞表面性质的关键物质。它通过与一价、二价阳离子之间的静电作用使颗粒黏附聚集在一起，因此对蓝藻细胞聚集体的性能有极其重要的作用。EPS 的成分及含量必然影响着颗粒聚集体的传质、表面特性及聚集性能等。①传质性：EPS 直接覆盖在蓝藻细胞表面或填充在颗粒聚集体中间，将蓝藻细胞黏结起来。因此蓝藻细胞表面 EPS 含量的多少与分布特征显著影响着颗粒聚集体的传质性能。由于在 EPS 絮体中物质的扩散系数要比水中的低，EPS 作为一种覆盖物会影响到营养物质的摄入以及蓝藻细胞代谢产物的输出。②表面电荷和疏水性：一般认为微生物聚集体的疏水性和表面电荷与 EPS 的组分和含量有关。EPS 各组分的物理化学性质不同，既有疏水基团又有亲水基团，对蓝藻细胞表面的疏水性产生不同的影响。一般来说，EPS 絮体中各组分的相对含量（如蛋白质/多糖）对微生物表面的疏水性影响比单个组分含量的影响要大，如蛋白质/多糖的比值与微生物疏水性成正相关，而与其表面负电荷成负相关。③聚集性能：由于 EPS 直接覆盖于蓝藻细菌细胞外，其特殊位置和化学组成对颗粒聚集体和蓝藻水华形成具有重要影响。一般认为，如果蓝藻颗粒间表面负电荷足够大，絮体间较强的排斥力会导致颗粒难以聚集，而如果 EPS 絮体中含有大量的氢键或疏水性物质及阳离子物质，其分子间或分子内氢键和架桥作用则有利于颗粒聚集及蓝藻水华的形成。

2）对环境中胶体/纳米颗粒的稳定性

我国是一个浅水湖泊众多的国家，多数湖泊平均水深仅 2m 左右。对于此类湖泊，其沉积物在风浪等水动力扰动下极易发生再悬浮，造成水体含有大量胶体颗粒。此外，随着纳米技术的飞速发展和纳米材料的广泛应用，大量纳米产品进入人们的生活，其在生产使用过程中必然会产生大量的纳米颗粒并排放到湖泊水环境中，也会使湖泊水体含有大量的胶体颗粒。蓝藻水华 EPS 可通过吸附作用负载在这些胶体类颗粒表面，影响颗粒的环境行为。一方面，EPS 絮体的存在会增加颗粒间的静电斥力，从而提高胶体稳定性；另一方面，EPS 也与水体中的电解质离子发生耦合并形成架桥作用，吸附网捕水体中的颗粒物，从而引起胶体类颗粒的聚集沉降。

3）对供水水质的影响

蓝藻 EPS 会影响饮用水处理工艺及效果，蓝藻 EPS 中的多糖等黏性组分易黏附在滤料表面，堵塞滤料缝隙，缩短过滤周期，影响过滤工艺效果。

除影响饮用水处理工艺外，蓝藻 EPS 也会污染管网系统。对我国部分城市的管网水水质调研结果表明，出厂水经管网及二次供水设施输送后，水质合格率下降近 20%，主要是因为细菌总数增加了近 4 倍。管网系统内的细菌等微生物生长累积到一定程度会聚成生物膜，而蓝藻 EPS 的存在会大大促进管网中生物膜的生长。我国大部分水厂采用的传统饮用水处理工艺，对水源水蓝藻 EPS 的去除效率很低，这是促进细菌等微生物在管网中生长的重要原因。

4）对污染物毒性和生物有效性的影响

重金属的毒性和生物有效性取决于重金属的形态，自由离子态重金属对水生生物和植物的毒性远大于结合态。EPS 是由微生物分泌、包裹于细胞外的一种高分子聚合物，含有多种带负电荷基团，比如—COOH、—NH$_2$、—OH、—SH 等，这些基团被认为是结合重金属的活性点位，能够与水环境中的金属离子和其他污染物以静电结合和有机络合的方式形成络合物，在生物吸附重金属过程中扮演着重要的角色。一些研究发现，重金属 Cr（Ⅲ）和有机酸络合物能够较为持久地存在于水体环境中。此外，当重金属与 EPS 等有机配体发生络合后，可减少金属离子在沉积物和悬浮颗粒物表面的吸附，使更多的金属离子以有机结合态的形式存在于水体中，从而降低金属离子的潜在生物毒性（Raungsomboon et al., 2006）。

参 考 文 献

陈兰周, 刘永定, 李敦海. 2003. 盐胁迫对爪哇伪枝藻(Scytonema javanicum)生理生化特性的影响[J]. 中国沙漠, 23(3): 285-288.

成小英, 李世杰. 2006. 长江中下游典型湖泊富营养化演变过程及其特征分析[J]. 科学通报, 51(7): 848-855.

董广霞, 毛剑英. 2005. 淮河流域污染"久治不愈"原因浅析及治理措施建议[J]. 中国环境监测, 21(6): 75-78.

胡鸿钧. 2011. 水华蓝藻生物学[M]. 北京: 科学出版社.

黄玉瑶. 2001. 内陆水域污染生态学原理与应用[M]. 北京: 科学出版社.

黄智华, 薛滨, 逄勇. 2008. 江苏固城湖流域 1951~2000 年农业非点源氮、磷输移的数值模拟研究[J]. 第四纪研究, 28(4): 674-682.

金相灿, 屠清瑛. 1990. 湖泊富营养化调查规范[M]. 2 版. 北京: 中国环境科学出版社.

金相灿, 朱萱. 1991. 我国主要湖泊和水库水体的营养特征及其变化[J]. 环境科学研究, 4(1): 11-20.

秦伯强, 高光, 朱广伟, 等. 2013. 湖泊富营养化及其生态系统响应[J]. 科学通报, 58(10): 855-864.

阮晓东, 刘俊新. 2013. 活性污泥 TB-EPS 的絮凝特性研究: 絮体的成长、破碎与再凝聚[J]. 环境科学学报, 33(3): 655-663.

沈志良. 2004. 长江氮的输送通量[J]. 水科学进展, 15(6): 752-759.

孙小静, 秦伯强, 朱广伟. 2007. 蓝藻死亡分解过程中胶体态磷、氮、有机碳的释放[J]. 中国环境科学, 27(3): 341-345.

孙秀秀, 丛海兵, 高郑娟, 等. 2014. 混合胁迫条件下蓝藻运动特性研究[J]. 环境科学, 35(5): 1781-1787.

吴庆龙, 谢平, 杨柳燕, 等. 2008. 湖泊蓝藻水华生态灾害形成机理及防治的基础研究[J]. 地球科学进展, 23(11): 1115-1123.

熊志鹏. 2016. 信息菌素选择性抑制蓝藻生长的研究[D]. 南昌: 江西师范大学.

叶守泽, 夏军, 郭生练, 等. 1994. 水库水环境模拟预测与评价[M]. 北京: 中国水利水电出版社.

虞孝感. 2003. 长江流域可持续发展研究[M]. 北京: 科学出版社.

赵永宏, 邓祥征, 战金艳, 等. 2010. 我国湖泊富营养化防治与控制策略研究进展[J]. 环境科学与技术, 33(3): 92-98.

中华人民共和国环境保护部. 2015. 2014 中国环境状况公报[R].

Ryding S O, Walter R. 1992. 湖泊和水库富营养化控制[M]. 朱萱, 等译. 北京: 中国环境科学出版社.

Böhm G A, Pfleiderer W Böger P, et al. 1995. Structure of a novel oligosaccharide-mycosporine-amino acid ultraviolet A/B sunscreen pigment from the terrestrial cyanobacterium *Nostoc commune*[J]. The Journal of Biological Chemistry, 270(15): 8536-8539.

De Philippis R, Margheri M C, Materassi R, et al. 1998. Potential of unicellular cyanobacteria from saline enviroments as exopolysaccharide producers[J]. Applied and Environmental Microbiology, 64(3): 1130-1132.

DePinto J V, Verhoff F H. 1977. Nutrient regeneration from aerobic decomposition of green algae[J]. Environmental Science and Technology, 11(4): 371-377.

Diamel G, Saad M, Noureddine A M, et al. 2014. Coagulation and chlorination of NOM and algae in water treatment: a review[J]. International Journal of Environmental Monitoring and Analysis, 2(6-1): 23-24.

Force E G, McCarty P L. 1970. Anaerobic decomposition of algae[J]. Environmental Science and Technology, 4(10): 842-849.

Ge H M, Xia L, Zhou X P, et al. 2014. Effects of light intensity on components and topographical structures of extracellular polysaccharides from the cyanobacteria *Nostoc* sp.[J]. Journal of Microbiology, 52(2): 179-183.

Hu C X, Liu Y D, Paulsen B S, et al. 2003. Extracellular carbohydrate polymers from five desert soil algae with different cohesion in the stabilization of fine sand grain[J]. Carbohydrate Polymers, 54(1): 33-42.

Li X Y, Yang S F. 2007. Influence of loosely bound extracellular polymeric substances (EPS) on the flocculation, sedimentation and dewaterability of activated sludge[J]. Water Research, 41(5):1022-1030.

Lin C S, Wu J T. 2014. Tolerance of soil algae and cyanobacteria to drought stress[J]. Journal of Phycology, 50(1): 131-139.

Otero A, Vincenzini M. 2003. Extracellular polysaccharide synthesis by *Nostoc* strains as affected by N source and light intensity[J]. Journal of Biotechnology, 102(2): 143-152.

Parikh A, Madamwar D. 2006. Partial characterization of extracellular polysaccharides from cyanobacteria[J]. Bioresource Technology, 97(15): 1822-1827.

Plude J L, Parker D L, Schommer O J, et al. 1991. Chemical characterization of polysaccharide from the slime layer of the cyanobacterium *Microcystis flos-aquae* C3-40[J]. Applied and Environmental Microbiology, 57(6): 1696-1700.

Raungsomboon S, Amnat C, Boosya B, et al. 2006. Production, composition and Pb^{2+} adsorption characteristics of capsular polysaccharides extracted from a cyanobacterium *Gloeocapsa gelatinosa*[J]. Water Research, 40(20): 3759-3766.

Richert L, Payri C, Guedes R L, et al. 2005. Characterization of exopolysaccharides produced by cyanobacteria isolated from Polynesian microbial mats[J]. Current Microbiology, 51(6): 379-384.

Tong Z G, Liu S Q. 2005. Protection measures for the safety of water quality of distribution system[J]. Water Purification Technology, 24(1): 49-53.

Xu H C, Cai H Y, Yu G H, et al. 2013. Insights into extracellular polymeric substances of cyanobacterium *Microcystis aeruginosa* using fractionation procedure and parallel factor analysis[J]. Water Research, 47(6): 2005-2014.

Xu H C, Jiang H L, Yu G H, et al. 2014. Towards understanding the role of extracellular polymeric substances in cyanobacterial *Microcystis* aggregation and mucilaginous bloom formation[J]. Chemosphere, 117: 815-822.

第 2 章　水华蓝藻 EPS 时空分布及提取

EPS 的提取是指通过一定的方法将 EPS 与微生物细胞分离，提取效率很大程度上取决于微生物细胞种类（梅秋红等，2005；雷腊梅等，2007）。用相同的提取方法对不同种类微生物细胞 EPS 进行提取所得到的 EPS 产量、结构、组成、特征、官能团等均具有明显的差异性。所以，开展 EPS 研究的首要前提是摸索出一种高效、无破坏的适合于研究目的的微生物细胞 EPS 提取方法。由于环境微生物细胞群体成分复杂，已有的国内外文献中关于 EPS 的提取方法均基于操作定义，即目前关于 EPS 的提取并没有标准操作步骤。理想的 EPS 提取方法需要满足以下三个方面：①提取效率高；②对微生物细胞破坏程度小；③提取过程不影响 EPS 的性质。

一般而言，EPS 的提取主要包括物理法、化学法及物化结合方法三类（戴幼芬，2016）。物理提取方法主要是利用外力的作用提高 EPS 中各组分在溶液中的溶解度，将 EPS 从细胞表面剥离并转移，比较常用的有离心法、加热法、超声波法、微波提取法等。化学法主要是利用化学试剂中离子或者分子改变 EPS 与细胞的结合状态促使其释放分离，常用的有碱式提取法、酸式提取法、EDTA 法、阳离子交换树脂法、甲醛提取法等。

（1）离心法：该法利用离心产生的重力场提高 EPS 各成分在溶液中的溶解度，该方法一般不会导致细胞破裂，但是提取效率低，故经常在 EPS 提取研究中作为一种对照方法。

（2）加热法：通过提高温度加快 EPS 各组分分子的运动，从而增大其在水溶液中的溶解度。该提取方法操作简单且不引入化学试剂，被广泛应用于纯微生物细菌以及混合体系中 EPS 的提取，但是温度过高会导致细胞破裂严重，所以采用加热法提取 EPS 时需要严格控制体系温度。

（3）超声波法：超声波法通过空穴产生的压力冲击促进 EPS 与细胞分离并脱落。低强度的超声波对细胞基本不会造成损伤，但是提取效率不高；而高强度超声波虽然提取效率大幅度提高，但易造成细胞破裂，故在超声波法提取过程中需要严格控制超声波功率。

（4）微波提取法：微波提取法的原理是利用微波照射穿透细胞壁，使细胞内部温度升高，压力增大，促进 EPS 与细胞脱离并溶出。

（5）碱式提取法：碱性试剂（NaOH、KOH 等）可提高溶液的 pH，导致 EPS 中酸性基团分离，增大 EPS 中带电基团的排斥作用，从而提高 EPS 的溶解度。

但是单独用碱性试剂提取会导致细胞严重破裂和胞内物质释放，污染 EPS 絮体。近年来，将甲醛和 NaOH 联用提取 EPS 的方法逐渐受到人们关注，甲醛通过与细胞膜上蛋白质和核酸的羟基、羧基、氨基和硫氰基结合，起到防止细胞破裂的作用。

（6）酸式提取法：该法采用适宜浓度的盐酸或醋酸将含有酸性基团的 EPS 提取出来，但需要注意的是如果酸的浓度过高会引起 EPS 基团破裂，对 EPS 的完整性造成破坏。

（7）EDTA 法：因为二价阳离子（如 Ca^{2+}、Mg^{2+}）广泛存在于 EPS 絮体之间及 EPS 与细胞膜间，而 EDTA 可与这些二价阳离子形成配位键，从而破坏其与 EPS 絮体的结合。但是 EDTA 可与蛋白质络合形成 EDTA-蛋白复合物，该复合物无法通过透析去除，从而干扰 EPS 絮体中蛋白质的测定。

（8）阳离子交换树脂法：该法是利用树脂中的阳离子置换作用去除 EPS 中的二价和三价阳离子，削弱 EPS 与微生物细胞间的作用力来提取 EPS 絮体。该提取方法具有对细胞破损小和提取效率高的优点，且提取结束后离子交换树脂可通过离心法分离。

在实际的提取操作过程中，不同方法对 EPS 提取效率的提升与微生物细胞结构被破坏的风险是并存的。一般来说，化学提取法的提取效率高于物理提取法，但化学法对微生物细胞破坏的风险也高于物理法。

由于 EPS 与细胞结合较为紧密，EPS 提取过程中有可能会造成细胞破裂，导致胞内物质释放而污染 EPS 样品。为了评价微生物细胞的破坏程度，目前较常用的方法是检测提取的 EPS 絮体中核酸含量的变化。尽管 EPS 自身也含有少量核酸，但是当提取的 EPS 样品中核酸含量发生大幅增长时即表明提取过程有较严重的溶胞现象发生。此外，三磷酸腺苷、葡萄糖-6-磷酸脱氢酶及光合色素等这些特定的胞内物质含量的变化也被用来作为微生物细胞被破坏和 EPS 样品被污染的指示剂。

近年来，随着分析化学领域检测技术的发展，很多新的分析设备和方法不断涌现并逐渐普及，为深入探讨 EPS 的复杂成分结构和环境功能提供了可能。在有机组分结构方面，通过气相色谱（GC）、高效液相色谱（HPLC）、气相色谱质谱联用（GC-MS）方法可对 EPS 中单糖、氨基酸等单体分子进行定性和定量分析；通过傅里叶变换离子回旋共振质谱仪（FT-ICR-MS）可在分子水平检测 EPS 各组分的微观变化特征；通过扫描电镜（SEM）、透射电镜（TEM）、冷冻电镜（Cryo-TEM）、原子力显微镜（AFM）等方法可对 EPS 的微观形态和表面特征进行分析；通过 X 射线衍射（XRD）、傅里叶红外光谱（FTIR）及拉曼（Raman）光谱等方法可对 EPS 分子的官能团和结构进行分析。通过三维荧光光谱（EEMs）、紫外可见光谱（UV-Vis）可分析 EPS 中芳香类物质及荧光物质的变化特征；通过核磁共振（NMR）可分析 EPS

中蛋白质和多糖等有机组分的分子结构，同时通过化学位移的变化判定提取过程中 EPS 不同官能团的变化特征；通过微量热技术包括等温滴定微量热（ITC）和差示扫描量热（DSC）可记录 EPS 变化过程的连续量热曲线，并获得相关热力学和动力学参数。

2.1　蓝藻水华过程中 EPS 时空分布特征

已有的关于蓝藻 EPS 的研究多关注其多糖产量、物质组成、热稳定性能及潜在应用等，且研究对象多为室内环境下培养的铜绿微囊藻，而很少有关于水华蓝藻 EPS 及其分布特征的报道。关于 EPS 分布特征对微生物聚集作用的影响已有大量报道，如有研究表明，虽然与细胞结合力微弱的"外层"EPS 含量较低，但却显著影响生物体的聚集及沉降性能。Chen 等（2006）研究了膜生物反应器内膜污染层中 EPS 的分布特征，发现蛋白质呈簇状分布，α-多糖呈点状分布，而 β-多糖呈连续层状分布，故认为 β-多糖对膜污染贡献最大。Liu 等（2010）分析了活性污泥絮体聚集过程中 EPS 的分布特征，发现蛋白质和脂类均匀分布在整个絮体中，而 α-D-多糖主要分布在絮体外层约 30μm 内，并认为蛋白质的这种分布特征有利于高含量带负电氨基官能团与阳离子的结合，从而促进了污泥的聚集。Xu 等（2010）在研究微生物聚集体颗粒 EPS 分布特征时也发现，蛋白质贯穿在整个生物聚集体中，而 α-多糖主要分布在颗粒体系外层 100μm 内，故可认为颗粒污泥的解体是由其絮体内部蛋白质架构的破坏导致的，与 α-多糖的分布特征没有直接因果关系。对于湖泊水体，蓝藻颗粒聚集成蓝藻聚集体并进一步上浮至水面形成蓝藻水华。由此我们推测，湖泊水华形成过程中蓝藻 EPS 的作用也会与其分布特征密切相关。

目前，已有一些研究者对蓝藻 EPS 的空间分布位置进行了研究。如 Smarda 等（2002）利用电子显微镜观察发现蓝藻个体之间胞外松散胶鞘层的厚度约为 5~22nm；Foster 等（2009）采用光学显微镜观察巴哈马群岛 Highborne 沙洲叠层石中的蓝藻群体，发现大部分胞外糖胶鞘位于蓝藻细胞外层约 1~2μm 处；Pereira 等（2011）则利用透视电子显微镜观察蓝藻 EPS（胶鞘）在重金属胁迫下的变化情况，发现高浓度重金属环境下 EPS 胶鞘变厚，但总体厚度一般不超过 3μm；而孔繁翔和宋立荣（2011）进一步研究认为，水华蓝藻外围胶鞘层厚度与其生长周期有关，其厚度从 4~6μm（春季）增至 15~34μm（秋季），继续生长再增至 20~40μm（冬季）。但是，上述研究仅侧重对蓝藻 EPS 分布厚度的分析，没有关注 EPS 絮体中其他相关组分物质的空间分布信息，而后者对于探讨 EPS 作用具有更重要的意义。

多重荧光染色–共聚焦激光显微镜（CLSM）是一种原位无损伤观察技术，

通过荧光染剂标记目标物，可分析目标物的空间分布特征。与普通显微镜相比，多重荧光染色-CLSM 具有分辨率高、组分物质定量化、三维重构成像等优点。目前已有将该技术用于蓝藻生物量的研究，如 Sole 等（2009）观察了不同海底沉积物中的蓝藻形状（丝状或单细胞形状），并定量分析了各环境条件下的蓝藻生物量；Ahmed 等（2011）利用该技术研究蓝藻与植物根系的相互作用时发现，不仅在植物根系表面能观察到蓝藻细胞，甚至在根系表皮及组织结构中均可清晰观察到蓝藻存在，极大地提高了分辨率。结合国内外最近研究进展，目前的研究主要集中在蓝藻生物量以及蓝藻 EPS 在细胞外厚度分布信息的观察，而关于蓝藻 EPS 絮体组分物质（如蛋白质、α-多糖、β-多糖及脂类等）及其在蓝藻群体中的分布特征却未见报道。

　　基于此，我们采用多重荧光染色-CLSM 技术原位观察蓝藻水华形成过程中 EPS 的时空变化规律。对于 CLSM 观察技术，首先用包埋液（Cryomatrix, Thermo Shandon）将染色后的样品包埋，并放置在–20℃的平台上 10min；然后用冷冻切片机（CRYOTOME®E, Thermo Shandon）切成厚度约 10μm 的薄片；最后用载玻片取下切片样品。在载玻片切片样品两侧，用指甲油涂出 1 个通道，然后以盖玻片封盖，使盖玻片与载玻片之间形成约 22mm×10mm×0.2mm 的通道，以免盖玻片压迫切片样品，采用共聚焦激光显微镜对切片样品进行原位观察（图2-1）。采用共聚焦激光显微镜观察样品时，因仪器限制和为避免染剂荧光干扰，各染剂皆分别单独收光，观测物镜为 10×或 63×，扫描分辨率为 512×512 pixels。

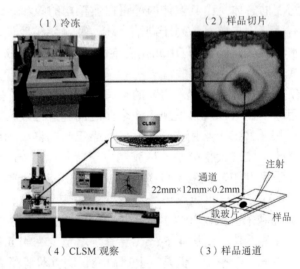

（1）冷冻　　　　　　　　　　（2）样品切片

（4）CLSM 观察　　　　　　　（3）样品通道

图 2-1　共聚焦激光显微镜原位观察流程

　　分别在水华形成初期（4~5 月份）及成熟期（7~8 月份）于太湖梅梁湾湖区采集蓝藻样品，低温保存并尽快带回实验室。首先分别采用 FITC, Con A, CW,

Nile red，SYTO 63 和 SYTOX Blue 标记蛋白质、α-多糖、β-多糖、脂肪、总细胞及死细胞，并将染色后的样品置于包埋剂中在-20℃环境下冷冻 10min。然后用冷冻切片机切成厚度约 10μm 的薄片，盖玻片封盖后进行共聚焦激光显微镜观察。蓝藻水华形成初期及成熟期 EPS 各组分空间分布 CLSM 图谱见图 2-2 和图 2-3，各组分的荧光强度值见图 2-4。

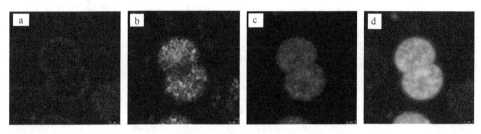

图 2-2　蓝藻水华形成初期 EPS 空间分布规律
a：蛋白质；b：多糖；c：总细胞；d：脂类

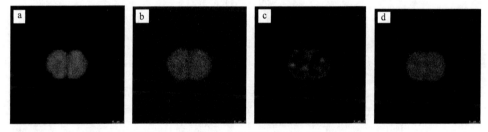

图 2-3　蓝藻水华成熟期 EPS 空间分布规律
a：蛋白质；b：多糖；c：总细胞；d：脂类

　　由图 2-2 和图 2-3 可知，蓝藻水华形成初期，蛋白质主要分布于藻细胞外层 0.5μm 以内，而多糖及脂类等有机物主要分布于 EPS 絮体的内层；当蓝藻水华进入成熟期后，蛋白质逐渐转移至内层，而多糖及脂类等有机质却均匀分布于整个 EPS 絮体空间范围内。目前，已有一些研究者对蓝藻 EPS 的空间分布位置进行了研究，但这些研究仅是侧重对蓝藻 EPS 分布厚度的分析，没有关注 EPS 絮体中其他相关组分物质的空间分布信息。与已有研究相比，本研究原位观察到 EPS 不同组分物质的空间分布规律，并发现絮体有机质的空间分布模式在蓝藻水华形成过程中的动态变化特征，这些不同分布模式可能造成蓝藻水华不同时期 EPS 作用的差异性。

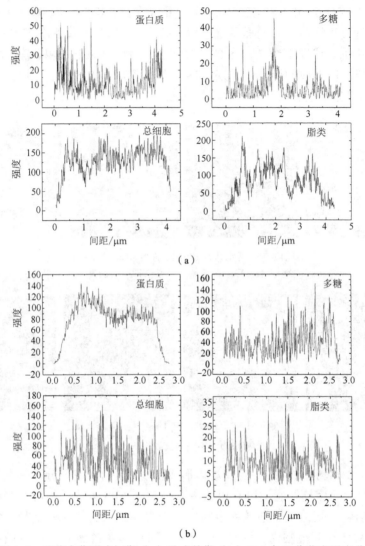

图 2-4　蓝藻水华形成初期（a）及成熟期（b）EPS 各组分荧光强度分布

2.2　不同提取方法对 EPS 提取效率的影响

为筛选水华蓝藻 EPS 最优提取方法并优化相关参数，比较了不同物理及化学提取方法对水华蓝藻 EPS 提取效果的影响（表 2-1）。由表 2-1 可知，不同提取方法获得的提取效率差异较大。与其他方法相比，NaOH（1mol/L）、甲醛（36.5%）、超声（120W，75s）+甲醛、NaOH+甲醛等会产生较高的核酸 DNA 含量[35.71~77.21mg/g（干重）]，表明这几种方法易导致蓝藻细胞的破碎。此外，与超声和离子交换树脂等物理提取方法相比，热提取可获得较好的提取效果且细胞破碎程度较低，该方法提取的 EPS 絮体中蛋白质及碳水化合物的浓度分别为 38.91mg/g（干重）及 60.75mg/g（干重）。此外，离子交换树脂（CER）[70g/g（细胞干重）]及 EDTA（2%）提取效率仅为热提取效率的 5%~10%，这些研究结果与其他研究者报道的不一致，他们认为 EDTA 可以获得最高的 EPS 絮体提取效率（Sheng et al., 2005; Comte et al., 2006）。本研究中相对低的提取效率可能是由于 EDTA 与蓝藻 EPS 之间形成了螯合物（D'Abzac et al., 2010）。还有一些研究学者在探讨污泥及细菌 EPS 时认为 NaOH+甲醛是一种高效的 EPS 提取方法（Adav and Lee, 2008; D'Abzac et al., 2010; Alasonati and Slaveykova, 2012），但我们研究发现 NaOH+甲醛的提取效率仅是热提取效率的 37%。造成这些差异性的原因是水华蓝藻细菌与其他异养微生物不同的细胞结构及 EPS 絮体结构组成的差异性（Comte et al., 2006; D'Abzac et al., 2010）。

表 2-1　不同提取方法对水华蓝藻 EPS 提取效率的影响

EPS 分级	提取操作	有机组分含量/[mg/g（干重）]			
		蛋白质	多糖	核酸	蛋白质/多糖
SL–EPS	2500g，15min，4℃	0.87 ± 0.05	0.56 ± 0.02	0.70 ± 0.02	1.55
LB–EPS	5000g，15min，4℃	3.53 ± 0.12	1.02 ± 0.02	0.03 ± 0.00	2.89
TB–EPS	对照组	0.38 ± 0.05	1.40 ± 0.09	1.53 ± 0.04	0.27
	超声处理	22.55 ± 0.65	24.00 ± 0.53	5.45 ± 0.14	0.94
	热处理	38.91 ± 1.20	60.75 ± 1.26	6.07 ± 0.26	0.64
	离子交换树脂	5.29 ± 0.10	6.48 ± 0.22	2.76 ± 0.11	0.82
	NaOH 碱处理	14.35 ± 0.22	24.76 ± 0.10	35.71 ± 0.76	0.58
	EDTA 处理	2.03 ± 0.02	2.92 ± 0.00	1.71 ± 0.01	0.70
	甲醛处理	2.38 ± 0.09	7.55 ± 0.41	77.21 ± 0.34	0.32
	甲醛+超声	12.84 ± 0.47	16.57 ± 0. 23	71.47 ± 0.78	0.77
	甲醛+NaOH	7.93 ± 0.16	28.82 ± 0.55	59.33 ± 0.29	0.49

　　对提取的 EPS 絮体物质组分的分析结果表明，大部分有机质分布于水华蓝藻 TB-EPS 层中，仅少量有机质分布于 LB-EPS 及 SL-EPS 层中。EPS 有机质的这种分布模式有利于细胞结构的稳定，保证其在复杂的外部环境中仍能维持生长繁殖。研究还发现，SL-EPS 及 LB-EPS 层中蛋白质/碳水化合物的比值（>1.55）大于 TB-EPS 层（<0.94）。已有的研究多认为碳水化合物是蓝藻细胞 EPS 的主要有机组分（Chi et al., 2007; Klock et al., 2007），然而我们的研究认为，SL-EPS 及 LB-EPS 层中蛋白质是主要有机组分物质，而 TB-EPS 层中碳水化合物才是主

要的有机组分，表明 EPS 的组分物质与细胞类型及 EPS 絮体空间分布显著相关。所以，该研究结果可加深人们对水华蓝藻 EPS 絮体结构和物质组成的认识，对 EPS 的生物絮凝及生物吸附等实际应用也有较强的理论指导意义。

由上述研究可知，热提取为水华蓝藻 EPS 的一种高效的提取方法，故有必要对热提取的相关参数（如温度、时间等）进行进一步的优化。图 2-5 为不同温度及提取时间对水华蓝藻 EPS 提取效果的影响。由图可知，从 20℃到 40℃时，EPS 提取效率急剧增大，至 60℃时达到最大，此时蛋白质及碳水化合物的提取效率分别达到 38.89mg/g（干重）及 60.06mg/g（干重）。但是此后随着温度的进一步升高，提取效率却逐渐下降，原因可能是较高的温度造成了蛋白质变性及碳水化合物降解等。所以，选择 60℃为较优的提取温度。不同提取时间对 EPS 提取效率的影响与温度的变化规律类似，发现 30min 是最优的提取时间。综上所述，富营养化水华蓝藻 EPS 提取的最优条件为热提取温度 60℃和提取时间 30min。

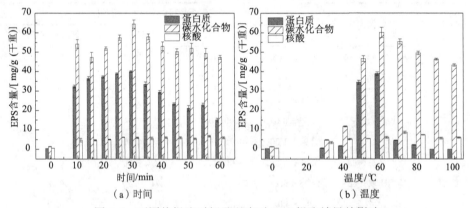

图 2-5　不同热提取时间及温度对 EPS 提取效果的影响

2.3　不同提取方法对 EPS 结构组成的影响

图 2-6 为不同提取方法对水华蓝藻 TB-EPS 的 FTIR 图谱变化的影响。峰 $3400cm^{-1}$ 和 $1650cm^{-1}$ 分别为 OH 伸缩振动及酰胺Ⅰ中的 C—O/C—N 键；峰 $1400\sim1500cm^{-1}$ 为 CH_2 振动；峰 $1040\sim1080cm^{-1}$ 为 CO 振动。FTIR 图谱表明水华蓝藻 EPS 中存在明显的蛋白质及碳水化合物，这与理化分析结果一致。

进一步分析表明，几种物理方法提取过程中 EPS 的 FTIR 图谱与空白对照组图谱较相似，而化学提取法却显示出明显的谱峰平移。如 NaOH 及 NaOH+甲醛提取法会使峰 $3400cm^{-1}$、$1385cm^{-1}$ 及 $1045cm^{-1}$ 产生明显的蓝移，而 EDTA 及甲醛提取过程中峰 $1650cm^{-1}$ 会产生明显的红移。此外，EDTA 提取法会使 EPS

絮体中产生一些特征峰，如 921cm⁻¹ 及 707cm⁻¹，甲醛+超声也会产生一些特征峰，如 1282cm⁻¹ 及 1128cm⁻¹。所有这些均表明化学提取法易造成 EPS 结构组成的变化（Comte et al., 2006; D'Abzac et al., 2010），即不是水华蓝藻 EPS 的优化提取方法。综合提取效率（表 2-1）及蓝藻细胞破坏程度（图 2-5），热提取（60℃，30min）是水华蓝藻 EPS 的一种较优提取方法，合适的热条件可将 EPS 絮体从蓝藻细胞表面提取脱离且不破坏蓝藻细胞的完整性。

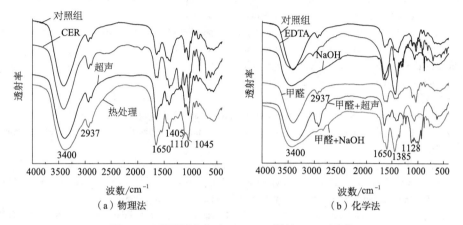

图 2-6　不同提取方法 TB-EPS 层的 FTIR 图谱

参 考 文 献

戴幼芬. 2016. 微生物胞外聚合物的提取表征及其与 Cr(Ⅵ)相互作用研究[D]. 福州: 福建师范大学.

贾晓会, 施定基, 史绵红, 等. 2011. 巢湖蓝藻水华形成原因探索及"优势种光合假说"[J]. 生态学报, 31(11): 2968-2977.

孔繁翔, 宋立荣. 2011. 蓝藻水华形成过程及其环境特征研究[M]. 北京: 科学出版社.

雷腊梅, 宋立荣, 欧丹云, 等. 2007. 营养条件对水华蓝藻铜绿微囊藻的胞外多糖产生的影响[J]. 中山大学学报(自然科学版), 46(3): 84-87.

梅秋红, 缪月秋, 张成武, 等. 2005. 铜绿微囊藻(*Microcystic aeruginosa* var. major)胞外酸性多糖的分离、纯化及其理化特性[J]. 湖泊科学, 17(4): 322-326.

秦伯强. 2009. 太湖生态与环境若干问题的研究进展及其展望[J]. 湖泊科学, 21(4): 445-455.

吴庆龙, 谢平, 杨柳燕, 等. 2008. 湖泊蓝藻水华生态灾害形成机理及防治的基础研究[J]. 地球科学进展, 23(11): 1115-1123.

谢平. 2008. 太湖蓝藻的历史发展与水华灾害[M]. 北京: 科学出版社.

Adav S S, Lee D J. 2008. Extraction of extracellular polymeric substances from aerobic granule with compact interior structure[J]. Journal of Hazardous Materials, 2008, 154(1-3): 1120-1126.

Ahmed M, Stal L J, Hasnain S. 2011. DTAF: an efficient probe to study cyanobacterial-plant interaction using confocal laser scanning microscopy(CLSM)[J]. Journal of Industrial Microbiology and Biotechnology, 38(1): 249-255.

Alasonati E, Slaveykova V I. 2012. Effects of extraction methods on the composition and molar mass distributions of exopolymeric substances of the bacterium *Sinorhizobium meliloti*[J]. Bioresource Technology, 114: 603-609.

Berg K A, Lyra C, Sivonen K, et al. 2009. High diversity of cultivable heterotrophic bacteria in association with cyanobacterial water blooms[J]. The ISME Journal, 3: 314-325.

Bradford M M. 1976. A rapid and sensitive method for the quantitation of microgram quantities of protein utilizing the principle of protein-dye binding[J]. Analytical Biochemistry, 72(1-2): 248-254.

Burton K. 1956. A study of the conditions and mechanism of the diphenylamine reaction for the colorimetric estimation of deoxyribonucleic acid[J]. Biochemical Journal, 62: 315-323.

Carey C C, Ibelings B W, Hoffmann E P, et al. 2012. Eco-physiological adaptations that favor freshwater cyanobacteria in a changing climate[J]. Water Research, 46: 1394-1407.

Chan R, Chen V. 2004. Characterization of protein fouling on membranes: opportunities and challenges[J]. Journal of Membrane Science, 242: 169-188.

Chen M Y, Lee D J, Yang Z, et al. 2006. Fluorecent staining for study of extracellular polymeric substances in membrane biofouling layers[J]. Environmental Science and Technology, 40: 6642-6646.

Chi Z, Su C D, Lu W D. 2007. A new exopolysaccharide produced by marine *Cyanothece* sp.113[J]. Bioresource Technology, 98: 1329-1332.

Comte S, Guibaud G, Baudu M. 2006. Relations between extraction protocols for activated sludge extracellular polymeric substances(EPS)and EPS complexation properties Part I. Comparison of the efficiency of eight EPS extraction methods[J]. Enzyme and Microbial Technology, 38: 237-245.

D'Abzac P, Bordas F, van Hullebusch E, et al. 2010. Extraction of extracellular polymeric substances(EPS) from anaerobic granular sludges: comparison of chemical and physical extraction protocols[J]. Applied Microbiology and Biotechnology, 85: 1589-1599.

De Philippis R, Vincenzini M. 1998. Exocellular polysaccharides from cyanobacteria and their possible applications[J]. FEMS Microbiology Reviews, 22: 151-175.

Donot F, Fontana A, Baccou J C, et al. 2012. Microbial exopolysaccharides: Main examples of synthesis, excretion, genetics and extraction[J]. Carbohydrate Polymers, 87: 951-962.

Dubois M, Gilles K A, Hamilton J, et al. 1956. Colorimetric method for determination of sugar and relative substances[J]. Analytical Chemistry, 28: 350-366.

Foster J S, Green S J, Ahrendt S R, et al. 2009. Molecular and morphological characterization of cyanobacterial diversity in the stromatolites of Highborne Cay, Bahamas[J]. The ISME Journal, 3: 573-587.

Gan N Q, Xiao Y, Zhu L, et al. 2012. The role of microcystins in maintaining colonies of bloom-forming *Microcystis* spp.[J]. Environmental Microbiology, 14(3): 730-742.

Guo L. 2008. Doing battle with the green monster of Taihu Lake[J]. Science, 37: 1166.

Hanlon A R M, Bellinger B, Haynes K, et al. 2006. Dynamics of extracellular polymeric substance(EPS) production and loss in an estuarine, diatom-dominated, microalgal biofilm over a tidal emersion-immersion period[J]. Limnology and Oceanography, 51: 79-93.

Huang W J, Lai C H, Cheng Y L. 2007. Evaluation of extracellular products and mutagenicity in cyanobacteria cultures separated from a eutrophic reservoir[J]. Science of the Total Environment, 377: 214-223.

Hur J, Jung K Y, Jung Y M. 2011. Characterization of spectral responses of humic substances upon UV irradiation using two-dimensional correlation spectroscopy[J]. Water Research, 45: 2965-2974.

Hur J, Lee B M. 2011. Characterization of binding site heterogeneity for copper within dissolved organic matter fractions using two-dimensional correlation fluorescence spectroscopy[J]. Chemosphere, 83: 1603-1611.

Hussain A N A, Elizabeth C M, Patrick G H. 2010. Using two-dimensional correlations of ^{13}C NMR and FTIR to investigate changes in the chemical composition of dissolved organic matter along an estuarine transect[J]. Environmental Science and Technology, 44: 8044-8049.

Jančula D, Maršálek B. 2011. Critical review of actually available chemical compounds for prevention and management of cyanobacterial blooms[J]. Chemosphere, 85: 1415-1422.

Kawasaki N, Benner R. 2006. Bacterial release of dissolved organic matter during cell growth and decline: Molecular origin and composition[J]. Limnology and Oceanography, 51: 2170-2180.

Klock J H, Wieland A, Seifert R, et al. 2007. Extracellular polymeric substances(EPS) from cyanobacterial mats: characterisation and isolation method optimization[J]. Marine Biology, 152: 1077-1085.

Lee B M, Shin H S, Hur J. 2013. Comparison of the characteristics of extracellular polymeric substances for two different extraction methods and sludge formation conditions[J]. Chemosphere, 90: 237-244.

Li X Y, Yang S F. 2007. Influence of loosely bound extracellular polymeric substances(EPS) on the flocculation, sedimentation and dewaterability of activated sludge[J]. Water Research, 41: 1022-1030.

Liang Z W, Li W H, Yang S Y, et al. 2010. Extraction and structural characteristics of extracellular polymeric substances(EPS), pellets in autotrophic nitrifying biofilm and activated sludge[J]. Chemosphere, 81: 626-632.

Liu L, Li W W, Sheng G P, et al. 2010. Microscale hydrodynamic analysis of serobic granules in the mass transfer process[J]. Environmental Science and Technology, 44: 7555-7560.

Liu Y, Fang H H P. 2002. Extraction of extracellular polymeric substances(EPS) of sludges[J]. Journal of Biotechnology, 95: 249-256.

Mecozzi M, Moscato F, Pietroletti M, et al. 2009. Applications of FTIR spectroscopy in environmental studies supported by two dimensional correlation analysis[J]. Global Nest Journal, 11: 593-600.

Newcombe G, Chorus I, Falconer I, et al. 2012. Cyanobacteria: Impacts of climate change on occurrence, toxicity and water quality management[J]. Water Research, 46: 1347-1348.

Noda I. 2004. Advances in two-dimensional correlation spectroscopy[J]. Vibrational Spectroscopy, 36: 143-165.

Noda I. 2010. Two-dimensional correlation spectroscopy—Biannual survey 2007~2009[J]. Journal of Molecular Structure, 974(1-3): 3-24.

O'Neil J M, Davis T W, Burford M A, et al. 2012. The rise of harmful cyanobacteria blooms: The potential roles of eutrophication and climate change[J]. Harmful Algae, 14: 313-334.

Paerl H W, Huisman J. 2008. Blooms like it hot[J]. Science, 320(5872): 57-58.

Paerl H W, Paul V J. 2012. Climate change: Links to global expansion of harmful cyanobacteria[J]. Water Research, 46: 1349-1363.

Parikh A, Madamwar D. 2006. Partial characterization of extracellular polysaccharides from cyanobacteria[J]. Biotechnology and Bioprocess Engineering, 97: 1822-1827.

Parmar A, Singh N K, Pandey A, et al. 2011. Cyanobacteria and microalgae: a positive prospect for biofuels[J]. Biotechnology and Bioprocess Engineering, 102: 10163-10172.

Pereira S, Micheletti E, Zille A, et al. 2011. Using extracellular polymeric substances(EPS)-producing cyanobacteria for the bioremediation of heavy metals: do cations compete for the EPS functional groups and also accumulate inside the cell?[J]. Microbiology, 157: 451-458.

Pereira S, Zille A, Micheletti E, et al. 2009. Complexity of cyanobacterial exopolysaccharides: composition, structures, inducing factors and putative genes involved in their biosynthesis and assembly[J]. FEMS

Microbiology Reviews, 33: 917-941.

Philippis R D, Vincenzini M. 1998. Exocellular polysaccharides from cyanobacteria and their possible applications[J]. FEMS Microbiology Reviews, 22: 151-175.

Popescu C M, Popescu M C, Vasile C. 2010. Characterization of fungal degraded lime wood by FT-IR and 2D IR correlation spectroscopy[J]. Microchemical Journal, 95(2): 377-387.

Qin B Q, Zhu G W, Gao G, et al. 2010. A drinking water crisis in Lake Taihu, China: Linkage to climatic variability and lake management[J]. Environmental Management, 45: 105-112.

Qu F S, Liang H, Wang Z Z, et al. 2012. Ultrafiltration membrane fouling by extracellular organic matters(EOM) of *Microcystis aeruginosa* in stationary phase: Influences of interfacial characteristics of foulants and fouling mechanisms[J]. Water Research, 46(5): 1490-1500.

Raungsomboon S, Chidthaisong A, Bunnag B, et al. 2006. Production, composition and Pb^{2+} adsorption characteristics of capsular polysaccharides extracted from a cyanobacterium *Gloeocapsa gelatinosa*[J]. Water Research, 40(20): 3759-3766.

Rodríguez-Zúñiga U F, Milori D M, da Silva W T, et al. 2008. Changes in optical properties caused by UV-irradiation of aquatic humic substances from the amazon river basin: Seasonal variability evaluation[J]. Environmental Science and Technology, 42: 1948-1953.

Sarnelle O. 2007. Initial conditions mediate the interaction between daphnia and bloom-forming cyanobacteria[J]. Limnology and Oceanography, 52: 2120-2127.

Seviour T, Lambert L K, Pijuan M, et al. 2010. Structural determination of a key exopolysaccharide in mixed culture aerobic sludge granules using NMR spectroscopy[J]. Environmental Science and Technology, 44(23): 8964-8970.

Sheng G P, Yu H Q, Li X Y. 2006. Stability of sludge flocs under shear conditions: Roles of extracellular polymeric substances(EPS)[J]. Biotechnology and Bioengineering, 93: 1095-1102.

Sheng G P, Yu H Q, Li X Y. 2010. Extracellular polymeric substances(EPS) of microbial aggregates in biological wastewater treatment systems: A review[J]. Biotechnology Advances, 28(6): 882-894.

Sheng G P, Yu H Q, Yu Z. 2005. Extraction of extracellular polymeric substances from the photosynthetic bacterium *Rhodopseudomonas acidophila*[J]. Applied Microbiology and Biotechnology, 67: 125-130.

Smarda J, Smajs D, Komrska J, et al. 2002. S-layers on cell walls of cyanobacteria[J]. Micron, 33(3): 257-277.

Sole A, Diestra E, Esteve I. 2009. Confocal laser scanning microscopy image analysis for cyanobacterial biomass determined at microscale level in different microbial mats[J]. Microbial Ecology, 57: 649-656.

Trabelsi L, M'sakni N H, Ouada H B, et al. 2009. Partial characterization of extracellular polysaccharides produced by cyanobacterium *Arthrospira platensis*[J]. Biotechnology and Bioprocess Engineering, 14: 27-31.

Wang L P, Shen Q R, Yu G H, et al. 2012. Fate of biopolymers during rapeseed meal and wheat bran composting as studied by two-dimensional correlation spectroscopy in combination with multiple fluorescence labeling techniques[J]. Bioresource Technology, 105: 88-94.

Wang Z P, Liu L L, Yao J, et al. 2006. Effects of extracellular polymeric substances on aerobic granulation in sequencing batch reactors[J]. Chemosphere, 63: 1728-1735.

Xu H C, Cai H Y, Yu G H, et al. 2013a. Insights into extracellular polymeric substances of cyanobacterium *Microcystis aeruginosa* using fractionation procedure and parallel factor analysis[J]. Water Research, 47: 2005-2014.

Xu H C, He P J, Wang G Z, et al. 2010. Enhanced storage stability of aerobic granules seeded with pellets[J]. Bioresource Technology, 101: 8031-8037.

Xu H C, Yu G H, Jiang H L. 2013b. Investigation on extracellular polymeric substances from mucilaginous cyanobacterial blooms in eutrophic freshwater lakes[J]. Chemosphere, 93: 75-81.

Yang M, Yu J, Li Z, et al. 2008. Taihu Lake not to blame for Wuxi's woes[J]. Science, 319: 158.

Yu G H, Tang Z, Xu Y C, et al. 2011. Multiple fluorescence labeling and two dimensional FTIR-^{13}C NMR heterospectral correlation spectroscopy to characterize extracellular polymeric substances in biofilms produced during composting[J]. Environmental Science and Technology, 45: 9224-9231.

第3章 蓝藻 EPS 形成过程及特征

3.1 EPS 组分光谱分析方法

3.1.1 EPS 光谱分析方法概述

光谱法是 EPS 组分分析的重要方法，常见的光谱法包括紫外–可见吸收光谱法、荧光光谱法、红外光谱法、尺寸排阻色谱法等。

EPS 的紫外光谱通常缺乏明显的吸收带，在紫外和可见光区间随着波长减小其吸收强度逐渐上升。其中，320nm 附近的吸收峰可能与苯基脂肪族有关，280nm 处的吸收可能是木质素的表观体现，250nm 处为芳香族组分，210nm 处吸收峰与脂肪族多碳链有关。在这些吸收峰中，254nm 处的紫外吸收峰常用于表征 EPS 中的芳香族性质，将 254nm 处吸光度除以对应的溶解性有机碳（DOC）含量可得到参数 $SUVA_{254}$，高 $SUVA_{254}$ 值通常对应较高的芳香性和疏水性。

荧光光谱法的原理是 EPS 絮体分子因吸收光子传递来的能量而受到激发，使电子由较低的能级跃迁到较高的能级，从而使分子处于激发态。这些分子通过无辐射跃迁急速降至第一激发单重态的最低振动能级，再以光的形式弛豫回到基态时所发出的光即为荧光。一般来说，分析 EPS 絮体所采用的荧光光谱法主要包括激发荧光光谱、发射荧光光谱、同步荧光光谱和三维荧光光谱。

红外光谱法的原理是分子能选择性吸收某些波长的红外线，从而引起分子中振动能级和转动能级的跃迁，通过检测红外线被吸收的情况可获得样品的红外吸收光谱。红外光谱可反映 EPS 絮体中的分子振动情况，通过红外光谱可以考察各官能团的种类及环境变化行为。

尺寸排阻色谱法是测量 EPS 分子量分布的常用方法。其原理是根据待测物粒径和水动力学体积在分离柱中保留时间的不同而达到分离不同分子量组分的目的。通常较大的分子在分离柱中保留时间较短，而较小的分子保留时间较长。由于 EPS 絮体具有较强的异质性和多分散性，常采用平均分子量（包括重均分子量、数均分子量和 Z 均分子量）表示其分子量分布。在线高效凝胶色谱仪（HPSEC）、紫外检测器以及 DOC 检测仪联用可测定 EPS 絮体中不同有机组分的相对分子质量分布。

在这些光谱分析方法中，荧光光谱法尤其是三维荧光光谱（3D-EEM）是一种非破坏性的 EPS 表征手段（Chen et al., 2003）。它不仅具有传统荧光技术快速、无须添加其他试剂、无须预处理、选择性好、灵敏度高等特点，同时还能够反映荧光强度随激发波长和发射波长变化的立体谱图，从而获得更完整的荧光物质信息。目前，该方法已经被广泛用于雨水、河流、湖泊等自然水体以及生活污水和工业废水中有机质的分析和表征。但是，微生物产生的 EPS 絮体成分复杂，常含有不同类型的荧光基团，这些荧光基团相互叠加往往使荧光强度与监测指标的相关性降低，故传统的峰指认方法很难准确地分析不同组分的峰形位置及荧光强度变化情况。

3.1.2 平行因子分析方法

平行因子分析（PARAFAC）方法是一种将三维荧光数据解析成三线性组分的方法，它可以对荧光基团进行解析并将重叠的荧光峰进行分离，得到荧光成分的激发光谱矩阵和发射光谱矩阵，并通过其得分矩阵对浓度进行相对定量分析（Stedmon and Bro, 2008; Yamashita and Jaffe, 2008）。

PARAFAC 方法采用交替最小二乘法来分析，将一个三维数据矩阵 X 分解为得分矩阵 A、载荷矩阵 B 和 C，而且每个矩阵都具有实际的物理意义。如在激发波长数为 I 和发射波长数为 J 的条件下，将 K 个样本进行测定，得到激发发射光谱矩阵 X（$I×J×K$），分解模型如下：

$$X_{i,j,k} = \sum_{f=1}^{F} a_{if} b_{jf} c_{kf} + \varepsilon_{ijk} \tag{3-1}$$

$$i=1, 2, \cdots, I; \quad j=1, 2, \cdots, J; \quad k=1, 2, \cdots, K$$

式中，$X_{i,j,k}$ 表示第 k 个样品在第 i 个发射波长、第 j 个激发波长处的荧光强度；F 表示体系因子数，指有贡献的独立荧光成分数；a_{if} 表示激发光谱矩阵 A（$I×F$）中的（i, f）元素，与激发波长 i 处的吸光系数成正比；b_{jf} 表示发射光谱矩阵 B（$J×F$）中的（j, f）元素，它与发射波长 j 处、第 f 个分析物的荧光量子产率相关；c_{kf} 表示相对浓度矩阵 C（$K×F$）中的（k, f）元素，它与第 k 个样品、第 f 个组分的浓度成正比；ε_{ijk} 表示残差矩阵，指不能被模型识别的信号。

PARAFAC 方法具有许多优点，其分解具有唯一性，它可通过模型来确定信号峰的具体位置，一般模型的因子数即混合物的组分数。该方法可以分辨出样品的纯光谱，同时还能得到混合物中不同种类纯组分的相对浓度。

在 PARAFAC 方法中，损失函数是残差平方和，其计算如下：

$$\sigma = \sum_{i=1}^{I} \sum_{j=1}^{J} \sum_{k=1}^{K} \varepsilon_{ijk}^2 = \sum_{k=1}^{K} \left\| X_k - A\mathrm{diag}(c)B^{\mathrm{T}} \right\|_F^2 \tag{3-2}$$

PARAFAC 算法的具体步骤简述如下：

（1）确定整个反应体系的因子数；

（2）将矩阵 $\boldsymbol{A}$、$\boldsymbol{B}$ 初始化，并计算载荷矩阵 $\boldsymbol{C}$：

$$\boldsymbol{C}_{(k)}^{\mathrm{T}} = (\boldsymbol{A}^{\mathrm{T}}\boldsymbol{A}^{*}\boldsymbol{B}^{\mathrm{T}}\boldsymbol{B})^{-1}\mathrm{diag}\left(\boldsymbol{A}^{\mathrm{T}}\boldsymbol{X}_{K}\boldsymbol{B}\right)I$$

（3）计算载荷矩阵 $\boldsymbol{B}$：

$$\boldsymbol{B} = \left[\sum_{k=1}^{K}\boldsymbol{X}_{k}\boldsymbol{A}\mathrm{diag}\left(\boldsymbol{C}_{(k)}\right)\right]\left[\sum_{k=1}^{K}\mathrm{diag}\left(\boldsymbol{C}_{(k)}\right)\boldsymbol{A}^{\mathrm{T}}\boldsymbol{A}\mathrm{diag}\left(\boldsymbol{C}_{(k)}\right)\right]^{-1}$$

（4）计算得分矩阵 $\boldsymbol{A}$：

$$\boldsymbol{A} = \left[\sum_{k=1}^{K}\boldsymbol{X}_{k}\boldsymbol{B}\mathrm{diag}\left(\boldsymbol{C}_{(k)}\right)\boldsymbol{B}^{\mathrm{T}}\boldsymbol{B}\mathrm{diag}\left(\boldsymbol{C}_{(k)}\right)\right]^{-1}$$

（5）迭代过程中对矩阵 $\boldsymbol{A}$、$\boldsymbol{B}$ 做逐列归一化处理，并重复上述步骤（2）~

（4），直到 $\dfrac{\left|\sigma(m)-\sigma(m-1)\right|}{\sigma(m-1)} \ll 10^{-6}$ 成立，则迭代停止。

3.2 不同营养条件下蓝藻 EPS 含量和组分比较

如前所述，EPS 对蓝藻水华形成具有明显影响。但是已有的关于铜绿微囊藻 EPS 的研究均是将 EPS 分为溶解态 EPS 及结合态 EPS，实际上，结合态 EPS 为动态双层结构模式，可进一步细分为松散结合态（LB-EPS）及紧密结合态（TB-EPS）。本节通过分析不同营养条件下铜绿微囊藻生物量及 EPS 变化情况，为蓝藻水华的形成机理提供理论指导。

EEM-PARAFAC 是分析水体溶解有机质组分的有效方法，并已广泛运用于天然及人为污染水体中有机组分的行为及过程解析，但是将其用于铜绿微囊藻 EPS 絮体的探索还鲜有报道。本书首次尝试将这一技术用于微囊藻 EPS 分析，分析不同营养盐条件下蓝藻生长和 EPS 絮体的产生特征，并开展 EPS 特定组分与蓝藻生物量生长的相关性研究。

图 3-1 为不同营养条件下（标准培养基和低浓度培养基）铜绿微囊藻的生长曲线图。由图可知，在前 15d 内，两种营养条件下蓝藻生物量较为相似，此后标准培养基条件下蓝藻继续生长，而低浓度培养基条件下蓝藻生长受到抑制。两种营养条件下，蓝藻最终生物量分别为 $3.01\times10^{6}\text{cells/mL}$ 及 $1.53\times10^{6}\text{cells/mL}$。标准培养基条件下蓝藻生长曲线与大多数研究者报道相似（Jin et al., 2009），而低浓度培养基条件下蓝藻生长曲线结果表明，低浓度培养条件对蓝藻指数生

长期影响不大，但会导致稳定期及衰亡期的提前出现（Xu et al., 2013）。

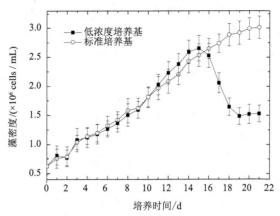

图 3-1 不同营养条件下铜绿微囊藻的生长曲线图

图 3-2 为不同培养工况条件下 EPS 的变化趋势。由图可知，就整个 EPS 絮体而言，碳水化合物的含量高于蛋白质的含量，这与其他文献报道的结果类似（Qu et al., 2012a）。对于低浓度培养工况而言，蛋白质和碳水化合物的含量在指数增长期明显减少，而在稳定期后逐渐增加。具体而言，蛋白质和碳水化合

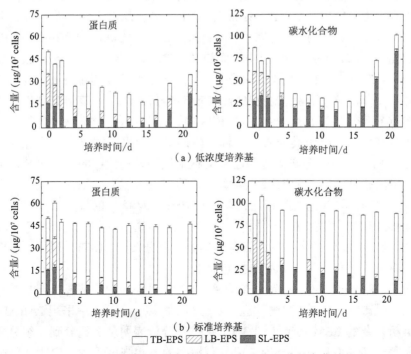

图 3-2 不同培养工况条件下 EPS 各有机组分的变化趋势

物含量从最初的 50.57 μg/10^7cells 和 88.13μg/10^7cells 降至 16.96μg/10^7cells 和 32.55μg/10^7cells，此后的稳定期又增至 33.01μg/10^7cells 和 102.13μg/10^7cells。由此可见，稳定期的铜绿微囊藻能分泌更多的 EPS，表明其新陈代谢会根据生长周期而做出相应的调整（Henderson et al., 2008）。

另外，当铜绿微囊藻在正常培养基条件下，SL-EPS 及 LB-EPS 中的蛋白质及碳水化合物在整个生长周期范围内逐渐减少，但是 TB-EPS 中的有机质却逐渐增多。初始有机质均匀分布在 EPS 絮体中，但培养末期约 88.7%的蛋白质和 79.7%的碳水化合物分布于 TB-EPS 层中，仅少量分布于 SL-EPS 与 LB-EPS 层中。这些结果与 Qu 等（2012b）其他文献报道的结果存在一定偏差，他们认为大部分有机质分布于溶解态 EPS 中。造成这种差异的原因可能是由于 EPS 提取方法的不同，如其他研究者采用 10 000g 条件下离心 15min 提取结合态 EPS，而本研究中采用 60℃预处理 30min 后再经 15 000g 离心 15min 后获得 TB-EPS。

3.3　基于三维荧光–平行因子解析的 EPS 组分分析

图 3-3 为不同工况条件下蓝藻 EPS 絮体的 EEM 图谱。由图可知，不管是 SL-EPS，还是 LB-EPS 和 TB-ESP 絮体，EEM 图谱均含有两个荧光峰，但峰位置却存在显著差异。具体而言，峰 A（Ex/Em:280/340nm）和峰 C（Ex/Em: 340/430nm）分布于 SL-EPS 层中，而峰 A 和峰 B（Ex/Em:220/430nm）分布于 LB-EPS 及 TB-EPS 层中（Li et al., 2012）。峰 A 和峰 B 为蛋白类荧光峰（Li et al., 2012），而峰 C 为腐殖类荧光峰（Chen et al., 2003）。该研究结果表明，蛋白类物质主要分布于 LB-EPS 及 TB-EPS 中，而 SL-EPS 中不仅包含蛋白类物质而且还含有大量的腐殖类物质。比较国内外研究结果，本研究中通过荧光分析所获得的 EPS 各组分分布规律与已有文献报道结果一致（Sheng and Yu, 2006）。另外，室内条件下培养的铜绿微囊藻峰 C 的出现可能是死细胞及大分子有机物的降解导致的。与其他文献相比，本研究中峰 A 及峰 C 的位置分别出现一定程度的蓝移及红移。总之，EEM 分析结果表明，蛋白质类物质广泛分布于 SL-EPS、LB-EPS 及 TB-EPS 絮体层中，而腐殖类物质仅分布于 SL-EPS 层中，表明 EPS 絮体中有机质的分布可能具有选择性。

虽然 EEM 可高效表征铜绿微囊藻 EPS 各组分的变化情况，但是其重叠峰的存在还是影响了 EEM 图谱的进一步分析。所以，本研究中采用 PARAFAC 技术来解析复杂的 EEM 图谱（图 3-4）。残差分析表明从 3 组分到 4 组分模型的精度显著升高，而从 4 组分到 5 组分对模型的改善强度不大，表明 4 组分可能是较优的组分分数。而折半分析所获得的模型一致性结果进一步证明 4 组分是

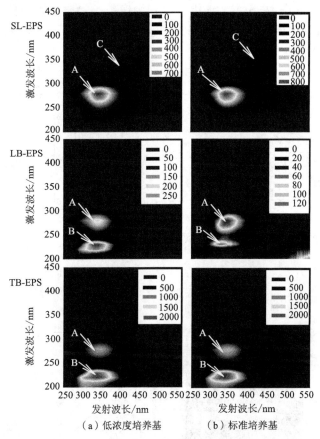

图 3-3 不同工况条件下 EPS 各层的 EEM 图谱

最优的 PARAFAC 组分分数。图 3-5 为通过 PARAFAC 模型获得的不同组分的 EEM 图谱及 Ex/Em 曲线图，将 Ex 及 Em 图谱与其他文献相比，发现本研究所获得的四个组分分别为三个蛋白类组分和一个腐殖类组分，具体如下。

1 组分为一单峰组分，其 Ex/Em 为 220/340nm，本区域荧光峰在已有的污泥 EPS 及自然水体 DOM 中也有报道，一般归类为色氨酸类组分（Sheng and Yu, 2006; Baghoth et al., 2011）。2 组分与 1 组分的 Em 相似，但是 Ex 从 220nm 红移至 280nm，该组分也为色氨酸类组分（Ni et al., 2009）。值得注意的是，1 组分及 2 组分与微生物活性有关，并在已有的文献中均被发现存在于一个组分中（Borisover et al., 2009; Lu et al., 2009）。3 组分包括三个荧光峰（Ex/Em: 200，220，270/296nm），该峰为酪氨酸类物质（Lu et al., 2009）。已有文献也对该峰进行了报道，但在 Em 方向均出现一定的蓝移（296nm→292nm）（Baghoth et

al., 2011）或红移（296nm→306nm）（Lu et al., 2009）。4 组分包含两个峰
（438/250nm，438/340nm），该组分可归为腐殖类物质，该组分不仅出现在海
洋环境中，而且在受污染的河流湖泊中也经常有报道（Borisover et al., 2009;
Zhang et al., 2011）。

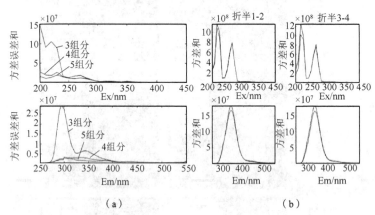

（a）　　　　　　　　　　　（b）

图 3-4　PARAFAC 模型残差（a）及折半（b）分析

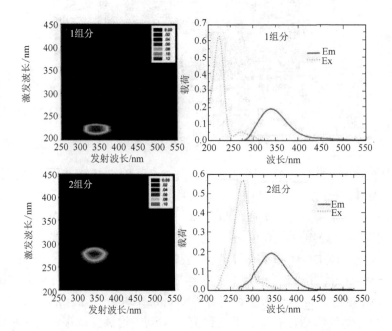

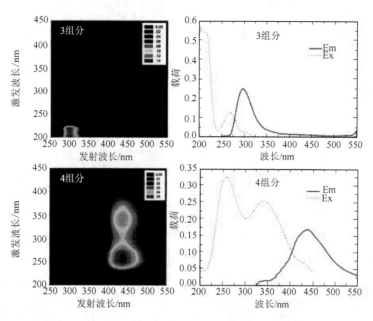

图 3-5　PARAFAC 模型所获得的四组分图谱及 Ex/Em 分布图

3.4　EPS 与蓝藻生物量生长关联性

虽然利用 PARAFAC 技术分析铜绿微囊藻 EPS 组分已有初步研究，但是关于 PARAFAC 各组分与蓝藻生物量的相关性分析却鲜有报道。本研究首次关注了 PARAFAC 各组分在蓝藻生长过程中的变化情况，并将其与蓝藻生物量进行 Pearson 相关性分析（图 3-6，表 3-1）。结果表明，不管是在哪种培养基浓度条件下，对于 SL-EPS 层，C2 的组分荧光强度值最大，此后依次为 C4、C1 和 C3。但是对于 TB-EPS 层，C1 组分的荧光强度最大，此后依次为 C2、C3 和 C4。但是在低浓度培养工况条件下，LB-EPS 层中荧光组分变化趋势不明显，而标准培养基条件下荧光趋势为 C2>C1>C4>C3。随着蓝藻培养时间的增加，所有 EPS 絮体层中 C1 和 C2 的荧光强度及 SL-EPS 层中 C4 的荧光强度均显著增加。Pearson 相关性分析结果表明，两种培养工况条件下，铜绿微囊藻生长与 SL-EPS 层中 C1（$R > 0.642$，$p < 0.05$）、C2（$R > 0.652$，$p < 0.05$）、C4（$R > 0.592$，$p < 0.05$）以及 TB-EPS 层中 C1（$R > 0.936$，$p < 0.01$）及 C2（$R > 0.878$，$p < 0.01$）显著相关。此外，标准培养基条件下微囊藻生长还与 LB-EPS 层中 C1（$R > 0.741$，$p < 0.01$）和 C2（$R > 0.887$，$p < 0.01$）显著相关。值得注意的是，蓝藻生长与 EPS 絮体各层中的荧光 3 组分均没有相关性（$R < 0.287$，$p > 0.366$）。

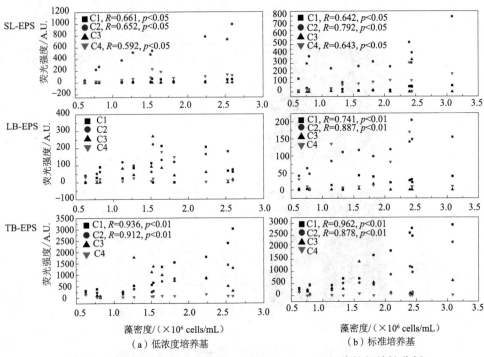

图 3-6　铜绿微囊藻 EPS 各层生物量与 PARAFAC 组分的相关性分析

表 3-1　铜绿微囊藻生物量与 PARAFAC 组分的 Pearson 相关性分析

EPS 分级	PARAFAC 组分	相关性			
		低浓度培养基		标准培养基	
		R	p	R	p
SL–EPS	C1	0.661*	0.019	0.642*	0.015
	C2	0.652*	0.022	0.792*	0.012
	C3	−0.219	0.494	0.287	0.366
	C4	0.592*	0.032	0.643*	0.024
LB–EPS	C1	0.324	0.304	0.741**	0.006
	C2	0.519	0.084	0.887**	0.000
	C3	0.034	0.915	−0.263	0.408
	C4	0.052	0.873	0.099	0.760
TB–EPS	C1	0.936**	0.000	0.962**	0.000
	C2	0.912**	0.000	0.878**	0.000
	C3	0.215	0.502	0.075	0.816
	C4	0.280	0.379	−0.108	0.739

*为在 0.05 水平显著相关；**为在 0.01 水平显著相关。

本节采用荧光分析方法对蓝藻 EPS 进行了高效表征，并运用统计分析技术对 EPS 组分与蓝藻生物量进行相关性分析。结果表明，在 LB-EPS 与 TB-EPS 层中，色氨酸类物质与蓝藻生长密切相关，而在 SL-EPS 层中，色氨酸类和腐殖类物质一起影响着铜绿微囊藻的生长。以前的文献结果表明，色氨酸类物质具有较强的紫外吸收能力（Henderson et al., 2008），故 EPS 层中色氨酸类物质的大量出现可有效避免蓝藻细胞遭受外界紫外线的辐射损伤，这是蓝藻细胞环境自适应能力的体现。本节的研究结果突出了色氨酸类物质而不是酪氨酸类物质与蓝藻生长密切相关。

参 考 文 献

Baghoth S A, Sharma S K, Amy G L. 2011. Tracking natural organic matter(NOM) in a drinking water treatment plant using fluorescence excitationeemission matrices and PARAFAC[J]. Water Research, 45(2): 797-809.

Bahram M, Bro R, Stedmon C, et al. 2006. Handling of Rayleigh and Raman scatter for PARAFAC modeling of fluorescence data using interpolation[J]. Journal of Chemometrics, 20(3-4): 99-105.

Borisover M, Laor Y, Parparov A, et al. 2009. Spatial and seasonal patterns of fluorescent organic matter in Lake Kinneret (Sea of Galilee) and its catchment basin[J]. Water Research, 43(12): 3104-3116.

Bradford M M. 1976. A rapid and sensitive method for the quantitation of microgram quantities of protein utilizing the principle of protein-dye binding[J]. Analytical Biochemistry, 72: 248-254.

Chen J J, Toptygin D, Brand L, et al. 2008. Mechanism of the efficient tryptophan fluorescence quenching in human γD-crystallin studied by time-resolved fluorescence[J]. Biochemistry, 47(40): 10705-10721.

Chen W, Westerhoff P, Leenheer J A, et al. 2003. Fluorescence excitation-emission matrix regional integration to quantify spectra for dissolved organic matter[J]. Environmental Science and Technology, 37(24): 5701-5710.

De Philippis R, Vincenzini M. 1998. Exocellular polysaccharides from cyanobacteria and their possible application[J]. FEMS Microbiology Reviews, 22(3): 151-175.

Dubois M, Gilles K A, Hamilton J, et al. 1956. Colorimetric method for determination of sugar and relative substances[J]. Analytical Chemistry, 28: 350-366.

Henderson R K, Baker A, Parsons S A, et al. 2008. Characterisation of algogenic organic matter extracted from cyanobacteria, green algae and diatoms[J]. Water Research, 42(13): 3435-3445.

Ishii S K L, Boyer T H. 2012. Behavior of reoccurring PARAFAC components in fluorescent dissolved organic matter in natural and engineered systems: a critical review[J]. Environmental Science and Technology, 46(4): 2006-2017.

Jin X C, Chu Z S, Yan F, et al. 2009. Effects of lanthanum(Ⅲ) and EDTA on the growth and competition of Microcystis aeruginosa and Scenedesmus quadricauda[J]. Limnologica, 39(1): 86-93.

Li L, Gao N Y, Deng Y, et al. 2012. Characterization of intracellular and extracellular algae organic matters(AOM) of Microcystic aeruginosa and formation of AOM-associated disinfection byproducts and odor and taste compounds[J]. Water Research, 46(4): 1233-1240.

Li X Y, Yang S F. 2007. Influence of loosely bound extracellular polymeric substances(EPS) on the flocculation, sedimentation and dewaterability of activated sludge[J]. Water Research, 41(5): 1022-1030.

Liu X M, Sheng G P, Luo H W, et al. 2010. Contribution of extracellular polymeric substances(EPS) to the sludge aggregation[J]. Environmental Science and Technology, 44(11): 4355-4360.

Lu F, Chang C H, Lee D J, et al. 2009. Dissolved organic matter with multi-peak fluorophores in landfill leachate[J]. Chemosphere, 74(4): 575-582.

Murphy K R, Hambly A, Singh S, et al. 2011. Organic matter fluorescence in municipal water recycling schemes: Toward a unified PARAFAC model[J]. Environmental Science and Technology, 45(7): 2909-2916.

Ni B J, Fang F, Xie W M, et al. 2009. Characterization of extracellular polymeric substances produced by mixed microorganisms in activated sludge with gel-permeating chromatography, excitation-emission matrix fluorescence spectroscopy measurement and kinetic modeling[J]. Water Research, 43(5): 1350-1358.

Ohno T, Amirbahman A, Bro R. 2008. Parallel factor analysis of excitation-emission matrix fluorescence spectra of water soluble soil organic matter as basis for the determination of conditional metal binding parameters[J]. Environmental Science and Technology, 42(1): 186-192.

Paerl H W, Paul V J. 2011. Climate change: Links to global expansion of harmful cyanobacteria[J]. Water Research, 46(5): 1349-1363.

Pajdak-Stós A, Fialkowska E, Fyda J. 2001. *Phormidium autumnale*(Cyanobacteria) defense against three ciliate grazer species[J]. Aquatic Microbial Ecology, 23(3): 237-244.

Qu F S, Liang H, He J G, et al. 2012a. Characterization of dissolved extracellular organic matter(dEOM) and bound extracellular organic matter(bEOM) of *Microcystis aeruginosa* and their impacts on UF membrane fouling[J]. Water Research, 46(9): 2881-2890.

Qu F S, Liang H, Wang Z Z, et al. 2012b. Ultrafiltration membrane fouling by extracellular organic matters(EOM) of *Microcystis aeruginosa* in stationary phase: Influences of interfacial characteristics of foulants and fouling mechanisms[J]. Water Research, 46(5): 1490-1500.

Rippka R, Deruelles J, Waterbury J, et al. 1979. Generic assignments, strain histories and properties of pure cultures of cyanobacteria[J]. Journal of General Microbiology, 111: 1-61.

Sarnelle O, White J D, Horst G P, et al. 2012. Phosphorus addition reverses the positive effect of zebra mussels(*Dreissena polymorpha*) on the toxic cyanobacterium, *Microcystis aeruginosa*[J]. Water Research, 46(11): 3471-3478.

Sheng G P, Yu H Q. 2006. Characterization of extracellular polymeric substances of aerobic and anaerobic sludge using three-dimensional excitation and emission matrix fluorescence spectroscopy[J]. Water Research, 40(6): 1233-1239.

Sheng G P, Yu H Q, Li X Y. 2010. Extracellular polymeric substances(EPS) of microbial aggregates in biological wastewater treatment systems: A review[J]. Biotechnology Advances, 28(6): 882-894.

Sorrels C M, Proteau P J, Gerwick W H. 2009. Organization, evolution, and expression analysis of biosynthetic gene cluster for scytonemin, a cyanobacterial UV-absorbing pigment[J]. Applied and Environmental Microbiology, 75(14): 4861-4869.

Stedmon C A, Bro R. 2008. Characterizing dissolved organic matter fluorescence with parallel factor analysis: a tutorial[J]. Limnology and Oceanography: Methods, 6: 572-579.

Stedmon C A, Seredynska-Sobecka B, Boe-Hansen R, et al. 2011. A potential approach for monitoring drinking water quality from groundwater systems using organic matter fluorescence as an early warning for contamination events[J]. Water Research, 45(18): 6030-6038.

Xu H C, Cai H Y, Yu G H, et al. 2013. Insights into extracellular polymeric substances of cyanobacterium *Microcystis aeruginosa* using fractionation procedure and parallel factor analysis[J]. Water Research,

47(6): 2005-2014.

Xu H C, He P J, Wang G Z, et al. 2010. Three-dimensional excitation emission matrix fluorescence spectroscopy and gel-permeating chromatography to characterize extracellular polymeric substances in aerobic granulation[J]. Water Science and Technology, 61(11): 2931-2942.

Yamashita Y, Jaffe R. 2008. Characterizing the interactions between trace metals and dissolved organic matter using excitation-emission matrix and parallel factor analysis[J]. Environmental Science and Technology, 42(19): 7374-7379.

Yang Z, Kong F X, Shi X L, et al. 2008. Changes in the morphology and polysaccharide content of *Microcystis aeruginosa*(Cyanobacteria) during flagellate grazing[J]. Journal of Phycology, 44(3): 716-720.

Yu G H, He P J, Shao L M, et al. 2008. Stratification structure of sludge flocs with implications to dewaterability[J]. Environmental Science and Technology, 42(21): 7944-7949.

Yu G H, He P P, Shao L M. 2010. Novel insights into sludge dewaterability by fluorescence excitation-emission matrix combined with parallel factor analysis[J]. Water Research, 44(3): 797-806.

Zhang Y L, Yin Y, Feng L Q, et al. 2011. Characterizing chromophoric dissolved organic matter in Lake Tianmuhu and its catchment basin using excitation-emission matrix fluorescence and parallel factor analysis[J]. Water Research, 45(16): 5110-5122.

Ziegmann M, Abert M, Muller M, et al. 2010. Use of fluorescence fingerprints for the estimation of bloom formation and toxin production of *Microcystis aeruginosa*[J]. Water Research, 44(1): 195-204.

第 4 章　EPS 的降解特征及环境行为

环境条件下的微生物及光化学降解直接决定着水华蓝藻 EPS 絮体的含量、组分及迁移转化等环境行为。微生物在水体环境中无处不在，但对 EPS 絮体的降解具有选择性，如细菌对 EPS 中蛋白类组分降解程度一般要大于腐殖类组分，且不同季节和地域的微生物降解水华蓝藻 EPS 絮体的效率也具有差异。例如，在蓝藻水华生消过程中，衰亡期产生的 EPS 絮体可能比形成期和成熟期产生的 EPS 絮体有更高的芳香性，故可能更难被微生物利用和降解。

除微生物影响外，光化学降解是影响水华蓝藻 EPS 环境归趋的另一重要途径。当水华蓝藻 EPS 絮体吸收太阳辐射后，由于其含有大量双键结构（C=C，C=O 等）特性，EPS 絮体可产生分子异构化、化学键断裂和光分解等直接光化学反应。此外，EPS 絮体中腐殖质以及其他一些过渡金属还能作为天然敏化剂引起其组分发生间接光化学降解。一般来说，EPS 絮体的光化学降解速率和程度与其来源、结构类型、有机组分和光学特性等有关。作为水体溶解有机质（DOM）的重要来源，水华蓝藻 EPS 经光化学降解后会导致有色基团浓度下降，"光屏障"作用降低，使紫外辐射在水中穿透力增加，进而影响水生生态系统的结构。此外，光化学降解过程还会改变 EPS 的结构组成和有机组分浓度。例如，当光化学降解导致 EPS 的腐殖化程度和芳香性减弱时，其与重金属离子和有机污染物的吸附/络合性能也会随之变化，从而影响污染物的迁移转化、毒性以及生物有效性。

除光和微生物降解作用外，水体中的蓝藻 EPS 絮体在环境条件变化时还会发生絮凝/解絮凝现象，从而影响 EPS 絮体的分子粒径及分子量分布。作为一种具有胶体特性的高分子量有机物质，EPS 在环境电解质离子浓度较高时会发生聚集作用，形成的聚集体可吸附/网捕更多污染物，进而影响污染物的降解过程和迁移归趋行为。所以，开展 EPS 在环境电解质条件下的分散/团聚环境行为研究，对深入理解 EPS 的环境稳定性和其在生物地球化学循环过程的作用具有重要意义。

4.1　蓝藻 EPS 的光化学降解

4.1.1　光化学过程对 EPS 絮体降解效率的影响

从太湖梅梁湾湖区采集表层（0~10cm）蓝藻水华样品，蓝藻生物量浓度约 0.2g/L，采集后的样品尽快运回实验室。为消除微生物作用对光化学降解的影响，样品经 0.22μm 滤膜过滤后获得溶解有机质（DOM）样品；对于滤膜表面截留的藻体样品采用上述优化的离心–热处理方法获得 EPS 样品，EPS 样品也经 0.22μm 滤膜过滤。将获得的 DOM 和 EPS 样品置于石英烧杯内，在室内模拟光化学反应器中开展光化学降解实验。试验过程中采用 UVA340 灯（Q-panel）为紫外辐射光源，其发射波长为 295~365nm，光照强度为 12W/m^2。实验开始前，为避免厌氧环境出现，所有样品均预先充氧 5min，光化学降解实验温度控制为室温[（25±1）℃]。实验开始后定期进行取样，分析并比较 EPS 和 DOM 的光化学降解差异性。

图 4-1 为光化学降解过程中 EPS 和 DOM 的 DOC 含量及 SUVA 值的变化情况。整体来说，DOC 和 SUVA 在光化学降解的前 1~2d 内急剧下降，此后随着光化学降解实验的继续进行，其值缓慢下降并逐渐趋于稳定。进一步研究发现，EPS 的降解效率显著低于 DOM 的降解效率。具体表现为：经紫外光照后，DOM 和 EPS 的 DOC 去除率分别为 59.7%和 41.9%。这些结果表明 DOM 含有更多的光化学降解物质，而 EPS 中则以新鲜生物源类物质为主（Xu and Jiang, 2013）。另外，与 DOC 的降解效率相比，DOM 和 EPS 样品中 SUVA 的去除率分别为 70.1%和 61.2%，显著高于 DOC 的降解效率，表明 DOM 和 EPS 样品中芳香类物质更易被光降解，或者是在光化学降解过程中产生了一些具有无紫外吸收或弱紫外吸收特性的物质（Hur et al., 2011）。

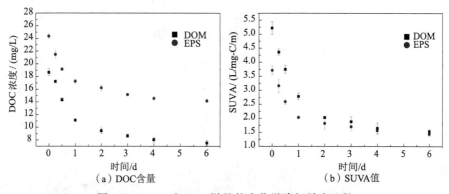

图 4-1　DOM 和 EPS 样品的光化学降解效率比较

4.1.2　基于 EEM-PARAFAC 解析的 EPS 组分变化特征

　　虽然 DOC 和 SUVA 的结果表明 EPS 和 DOM 均具有显著的光化学活性，但却不能表征特定有机组分的光化学降解过程。为进一步解析 EPS 中各组分的变化情况，对初始样品和收集的光化学降解样品分别进行 EEM 扫描，并结合 PARAFAC 降维模型表征各组分的降解动力学。残差分析[图 4-2（a）]表明从 3 组分到 4 组分，模型精度得到了较大的改善，但是从 4 组分进一步提高到 5 组分时，模型精度并未得到明显改善，即 4 组分可能是适宜的组分。折半分析[图 4-2（b）]结果同样表明 4 组分时两组样品的拟合性较好，进一步证实 4 组分是合适的模型组分。

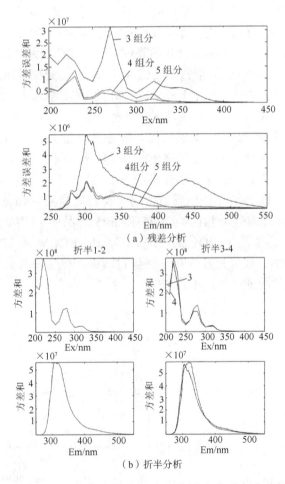

图 4-2　EEM-PARAFAC 解析中的残差分析（a）及折半分析（b）
（b）中线条数量代表模拟次数

　　基于 PARAFAC 模型分析的结果，获得的四个组分 Ex 和 Em 谱图如图 4-3 所示。通过与已有研究文献的比较（表 4-1），发现 1 组分（Ex/Em：200，280/300nm）可归类为酪氨酸类物质（Zhang et al., 2011），2 组分（Ex/Em：220，280/320nm）和 3 组分（Ex/Em: 230, 290/340nm）可归类为色氨酸类物质（Henderson et al., 2008），而 4 组分（Ex/Em：220，320/380nm）为腐殖类物质（Qu et al., 2012a）。图 4-4 为光化学降解过程中 DOM 和 EPS 絮体中各 PARAFAC 组分的荧光强度变化趋势。对于 DOM 样品，初始 1 组分和 2 组分的荧光强度得分位于 340~390A.U.，但是 3 组分和 4 组分却只有 110~130A.U.。对于 EPS 絮体而言，2 组分的初始荧光强度得分高达 600 A.U.，表明 EPS 絮体中主要含有蛋白类物质，而 DOM 中不仅含有蛋白类物质，同时还含有丰富的腐殖类物质。实验开始后，DOM 和 EPS 絮体各组分荧光强度在最初 2d 显著降低，随后缓慢降解直至逐渐稳定。DOM 和 EPS 中荧光组分的变化趋势与 DOC 和 SUVA 的变化趋势（图 4-1）相似。

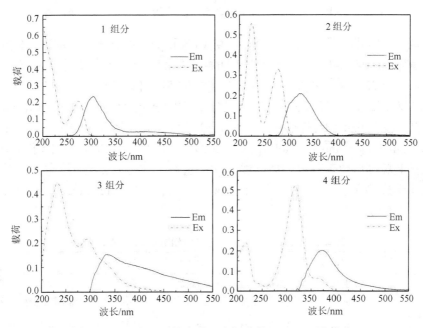

图 4-3　PARAFAC 拟合的四个组分的 Ex、Em 及载荷

　　为定量表征各有机组分的降解速率，采用一阶指数降解模型来计算各组分的降解动力学。

$$\ln[B / (A_t - A_1)] = kt\frac{1}{2} \qquad (4\text{-}1)$$

式中，k 是降解速率变化常数；A_1 是光化学降解后荧光组分或荧光波长的残留强度值；A_t 是特定降解时间 t 内荧光组分或荧光波长的强度值；B 是初始荧光强度和最终残留荧光强度的差值。

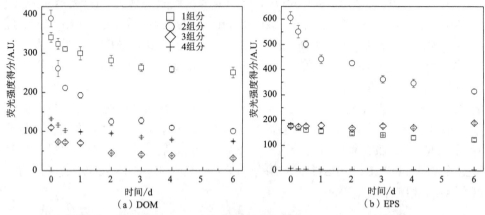

图 4-4　增强紫外光照条件下各有机组分物质的荧光强度变化图

基于一阶指数降解模型，可以获得 EPS 和 DOM 中各 PARAFAC 组分的降解速率常数（表 4-1）。对于 DOM 而言，4 个组分的 k 值分别为 0.606（R^2 =0.988），0.726（R^2 =0.933）、0.554（R^2 =0.951）和 0.559（R^2 =0.933）。而对于 EPS 而言，组分 1、2、4 的 k 值仅为 0.428（R^2 =0.952）、0.519（R^2 =0.968）和 0.500（R^2 =0.961），表明 DOM 的组分降解速率显著高于 EPS 中组分的降解速率（Sulzberger and Durisch-Kaiser, 2009）。EPS 中低的有机质降解速率可有效保护蓝藻细胞免受外界的紫外线损伤，这对于细胞的完整性、新陈代谢及蓝藻水华形成均具有重要的意义（Bushaw et al., 1996; Sulzberger and Durisch-Kaiser, 2009）。

表 4-1　DOM 和 EPS 中各有机组分的降解速率比较

有机质	组分	k/d^{-1}	R^2	Ex 波长/nm	k/d^{-1}	R^2
DOM	1 组分	0.606±0.010	0.988	230	0.651±0.023	0.706
	2 组分	0.726±0.013	0.933	276	0.584±0.020	0.901
	3 组分	0.554±0.015	0.951	315	0.608±0.014	0.899
	4 组分	0.559±0.022	0.933			
EPS	1 组分	0.428±0.013	0.952	230	0.385±0.011	0.796
	2 组分	0.519±0.026	0.968	260	0.352±0.009	0.732
	4 组分	0.500±0.017	0.961	276	0.344±0.022	0.821

EPS 光化学降解过程中获得的 PARAFAC 组分特征及其与已有文献的比较

见表 4-2。

表 4-2　EPS 光化学降解过程中获得的 PARAFAC 组分特征及其与已有文献的比较

	本书		已有文献	
组分名称	Ex/Em/nm	Ex/Em/nm	组分描述及样品来源	参考文献
C1	200，280/300	270/306	1 组分，酪氨酸类（水体样品）	Baghoth et al.，2011
		270/305	3 组分，酪氨酸类（湖泊）	Zhang et al.，2011
		270/304	峰 E，酪氨酸类（市政水体）	Murphy et al.，2011
		200，220，270/296	3 组分，酪氨酸类（藻样品）	Xu et al.，2013a
C2 和 C3	220~230，280~290/320~340	225/340~350	峰 A，蛋白质类（污泥）	Sheng and Yu，2006
		<250/360	4 组分，色氨酸类（水体样品）	Baghoth et al.，2011
		220/340	1 组分，色氨酸类（藻体样品）	Xu et al.，2013a
		280~285/340~350	峰 A，蛋白质类（污泥）	Sheng and Yu，2006
		280/340	1 组分，蛋白质类（污泥）	Ni et al.，2009
		275/340	峰 A，色氨酸类（*M. aeruginosa*）	Ziegmann et al.，2010
		280/340	2 组分，色氨酸类（藻体样品）	Xu et al.，2013a
		280/338	3 组分，色氨酸类（湖泊）	Borisover et al.，2009
C4	220，320/380	<260，305/378	4 组分，腐殖类（天然水体）	Yamashita et al.，2008
		260，325/385	6 组分，腐殖类（近海水体）	Yamashita et al.，2008
		290~310/370~410	峰 M，腐殖类（海洋水体）	Coble，2007

4.1.3　二维相关光谱

　　除 EEM-PARAFAC 外，一维同步荧光光谱可快速、高效地解析有机组分的变化特征（图 4-5）。DOM 样品中有三个明显的荧光峰，波长在 200~250nm，250~300nm 及 >300nm，分别代表酪氨酸、色氨酸及腐殖类物质（Hur and Lee，2011）；而 EPS 中仅有两个荧光峰，其波长区间为 200~250nm 和 250~300nm。一维同步荧光结果表明，与 EPS 絮体相比，DOM 样品中含有明显的腐殖类物质，这与 EEM-PARAFAC 解析的荧光组分结果一致。进一步研究发现，光化学降解过程中 DOM 和 EPS 中的荧光光谱值均逐渐下降，但在 DOM 中的下降幅度显著高于在 EPS 中。实验结束后，DOM 中蛋白类和腐殖类组分分别下降88%~95%和 79%，但是相同的光照强度却仅使 EPS 中蛋白质类物质下降了72%~75%。同步荧光光谱结果同样表明 DOM 中有机组分的降解速率高于 EPS 絮体有机组分的降解速率，且蛋白类物质降解效率高于腐殖酸类降解效率。

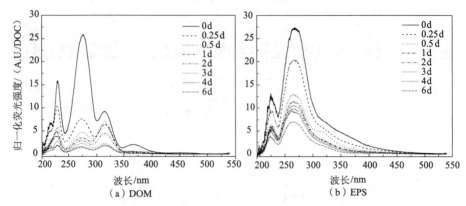

图 4-5　光化学降解过程中 DOM 和 EPS 同步荧光光谱的变化

　　虽然一维同步荧光光谱可解析 EPS 和 DOM 样品中荧光组分物质的差异及其光化学变化特征，但却无法获得不同有机组分间的动态变化特征。近年来发展的二维相关光谱技术（2D-COS）可描述在一定的外扰作用下（机械作用、电磁、光、温度等），反应体系中两个独立变化变量（如波数、频率等）的光学强度变化状况（Noda and Ozaki, 2004; Yu et al., 2012）。2D-COS 技术具有许多优点，它可以解决峰重叠的问题，提升光谱分辨率，并可从分子水平上解析不同有机组分的动态变化特征。目前，2D-COS 已广泛应用于环境样品（如藻类、落叶和生物膜中 DOM）的分析，但鲜有采用该技术来探讨蓝藻 EPS 絮体中不同有机组分的光化学降解差异性。

　　运用相关函数对不同光学变量的强度变化进行处理获得 2D-COS 图谱，但在获取谱图之前，必须先计算动态光谱。在实验操作过程中，对待测反应体系施加外部扰动，体系中各组分对外部扰动的响应表现为一定特征的光谱变化，此即动态光谱，它反映的是光谱强度同时变化的相关程度，其定义为

$$\tilde{y}(x,t)=\begin{cases} y(x,t)-\tilde{y}(x) & \text{当}\ T_{\min}\leqslant t\leqslant T_{\max} \\ 0 & \text{其他}\end{cases} \tag{4-2}$$

式中，函数 $\tilde{y}(x, t)$ 代表光谱强度；x 为任意物理变量（波长、位移等）；$[T_{\min}, T_{\max}]$ 为外扰的变量区间；$\tilde{y}(x)$ 为参考光谱，一般情况下取外扰变量的平均光谱，即

$$\tilde{y}(x)=\frac{1}{T_{\max}-T_{\min}}\int_{T_{\min}}^{T_{\max}} y(x,t)\mathrm{d}t \tag{4-3}$$

　　随后对动态光谱进行傅里叶变换，将其从时间域变换为频率域。但是，傅

里叶变换法十分烦琐，特别是当光谱数量特别多时，工作量便剧增，故通常采用另外一种比傅里叶变换法更为简单、有效的方法——Hilbert 变换法。

Hilbert 变换法中，同步相关光谱可由下式计算：

$$\Phi(x_1,x_2)=\frac{1}{T_{max}-T_{min}}\int_T^{T_{max}}\tilde{y}(x_1,t)\cdot\tilde{y}(x_2,t)\mathrm{d}t \qquad (4\text{-}4)$$

异步相关光谱反映的是光谱强度同时变化的相关程度，它可通过动态光谱和 $\tilde{z}(x_2,t)$ 得到，即

$$\psi(x_1,x_2)=\frac{1}{T_{max}-T_{min}}\int_T^{T_{max}}\tilde{z}(x_1,t)\cdot\tilde{z}(x_2,t)\mathrm{d}t \qquad (4\text{-}5)$$

式中，$\tilde{z}(x_2,t)$ 为信号 $\tilde{y}(x_2,t)$ 的 Hilbert 的变换，即

$$\tilde{z}(x_2,t)=\frac{1}{\pi}\int_{T_{min}}^{T_{max}}\tilde{z}(x_2,t')\frac{1}{t'-t}\mathrm{d}t' \qquad (4\text{-}6)$$

根据 Hilbert 变换的性质，信号 $\tilde{z}(x_2,t)$ 与信号 $\tilde{y}(x_2,t)$ 正交，它可由信号 $\tilde{y}(x_2,t)$ 将频率相位向前或向后移动 $\pi/2$ 个单位得到。可见，异步相关光谱表示两个不同光谱坐标处强度变化的正交量之间的相关性，若两处的强度变化不同或正交，在异步相关光谱中会出现极大值。

2D-COS 光谱图的常见表现形式为同步相关光谱和异步相关光谱，分别介绍如下：

同步相关光谱代表了两个波数处对应的信号强度变化的关联性，它分为自动峰和交叉峰两大类。其图谱关于对角线对称，所以解读时一般只读取图谱的左上角信息。同步相关光谱中位于对角线上的相关峰为自相关峰，其值均为正值，它表示在扰动过程中光谱强度动态变化的程度，在某种程度上可以表明外部扰动对不同基团的影响。同步相关光谱中出现在对角线以外的相关峰则为交叉峰，其值有正也有负，它表示两个不同波数的光谱信号是同步变化的，由于它是由不同官能团同步取向振动而产生，所以它的出现也说明了官能团之间可能存在强烈的相互关联作用。一般，若光谱强度在对应的波数处同时递增或递减，则其交叉峰为正值；若一个光谱强度在对应的波数处递增，而另一个光谱强度在对应的波数处反而减小，则其交叉峰为负值。

异步相关光谱表示体系在外部扰动作用下，两个波数处对应的信号强度变化的差异性。与同步相关光谱不同的是，异步相关光谱关于对角线反对称，解

读时一般也只读取图谱的左上角信息。它不仅可以方便地鉴别出混合物中各个组分或官能团所表现出的不同效应，还可以清晰地分辨出重叠峰。异步相关光谱中没有自相关峰，只存在交叉峰，交叉峰关于对角线反对称，其值有正也有负。在解释异步相关光谱时需参考同一位置处的同步峰，即将同步相关光谱与异步相关光谱中相关峰的信息结合，得到各个吸收峰在外部扰动作用下的变化状况，这时可推断出不同波数的吸收峰发生的变化顺序。在进行 2D-COS 分析之前，首先需将光谱数据进行归一化处理，再对归一化后的数据进行主成分分析以去除噪声分量，最后采用"2D-shige"软件对重建后的数据进行处理并获得同步及异步图谱。

　　本节采用 2D-COS 技术来分析光化学降解过程中 DOM 和 EPS 絮体中各组分的动态变化信息（图 4-6）。同步相关光谱表明，DOM 有 3 个自相关峰，分别位于 230nm、276nm 和 315nm 处，而 EPS 仅有 2 个峰，分别位于 230nm 和 276nm 处。除数量外，自相关峰强度也具有显著差异性，具体为 DOM 样品中强度变化顺序为 315nm > 276nm > 230nm，而 EPS 样品为 276nm > 230nm，表明富营养化水体中 DOM 和 EPS 中色氨酸类物质在光化学降解过程中比酪氨酸类物质更为敏感。异步相关光谱发现 DOM 中存在一个正相关峰（276/230nm）

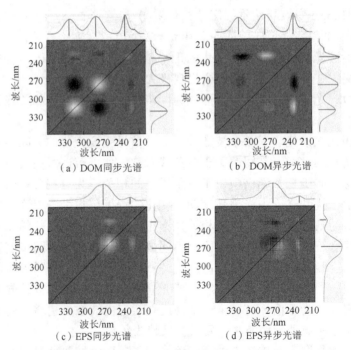

（a）DOM同步光谱　　　　　　　　（b）DOM异步光谱

（c）EPS同步光谱　　　　　　　　（d）EPS异步光谱

图 4-6　光化学降解过程中 DOM 和 EPS 絮体的 2D-COS 结果比较

和两个负相关峰（315/230nm 和 315/276nm），而 EPS 中仅有两个负相关峰（276/230nm 和 276/260nm）。根据 Noda 规则，DOM 中有机组分的降解次序为 230nm>315nm>276nm，而 EPS 中有机组分的降解次序为 230nm>260nm>276nm。所以，2D-COS 分析结果表明，DOM 中酪氨酸类物质优先降解，此后为腐殖类和色氨酸类物质；在 EPS 絮体中，酪氨酸类物质的降解次序优先于色氨酸类物质，故 2D-COS 可用来表征 DOM 和 EPS 中不同有机组分的光化学降解次序性。此外，根据 2D-COS 中同步荧光和异步荧光峰的位置，结合一阶指数降解模型，发现 DOM 中各组分的降解速率（$k>0.584$，$R^2>0.901$）显著高于 EPS 中的降解速率（$k<0.385$，$R^2>0.796$）（表 4-1），这些均与 EEM-PARAFAC 的分析结果相吻合。同时，DOM 和 EPS 絮体中各组分 k 值的大小顺序与 2D-COS 获得的降解次序性也一致。这些结果表明，2D-COS 可有效表征 DOM 和 EPS 中不同有机组分的光化学降解特征，并可从分子水平比较 EPS 和 DOM 中不同组分的降解差异性。

4.1.4　光化学降解机理

水体有机质的光化学降解机理包括直接光降解和间接光降解（Carlos et al., 2012; Hur et al., 2011）。在本书中，与 EPS 相比，DOM 样品具有较高的 SUVA 和腐殖类物质含量，具有典型的陆源特性。芳香性腐殖类物质由于含有较高的酚和醌类基团，往往具有较高的光敏性，在光降解过程中极易产生活性氧自由基，从而提高光化学降解效率（Rodríguez-Zúñiga et al., 2008; Carlos et al., 2012; Hur et al., 2011）。所以，本章中 DOM 较高的光化学降解效率可能与其较高的腐殖酸类物质含量有关。

然而，PARAFAC 分析结果表明，不管是 DOM 还是 EPS 样品，其荧光组分（C1~C4）之间的光化学降解效率具有显著的差异，而这些结果是上述光化学降解机理无法解释的。本章中，我们采用 2D-COS 来探讨 EPS 和 DOM 中不同 PARAFAC 组分的变化特征，并发现不同有机组分的光化学降解次序性，即酪氨酸类物质>腐殖类物质>色氨酸类物质。所以，酪氨酸类物质的降解与腐殖类物质无关，即不受腐殖类物质产生的羟基自由基的影响；然而，色氨酸类物质的降解却受腐殖类物质产生的羟基自由基影响。由于 DOM 样品中含有大量的腐殖类物质，其光敏化作用产生的大量羟基自由基可诱发色氨酸类物质的光降解，这就解释了 EPS 和 DOM 中有机组分光化学降解效率的差异性。

4.2　蓝藻 EPS 的微生物降解特征

4.2.1　环境条件下微生物对 EPS 降解的效率及特征

采集太湖梅梁湾湖区水华蓝藻样品及湖水样品：对于水华蓝藻样品，采用上述优化方法获得 LB-EPS 和 TB-EPS 组分，冷冻干燥后待用；对于湖泊水体样品，先经 3μm 孔径 GF/F 膜过滤获得与颗粒紧密结合的附着态微生物，再经 0.22μm 滤膜过滤获得自由态微生物。过滤后的滤膜立即用无菌剪刀分割成若干组分，放入培养基中，用于比较不同粒径微生物对水华蓝藻 EPS 絮体的降解。

将冷冻干燥的 LB-EPS 和 TB-EPS 样品用无菌水溶解后，分别加入 250mL 锥形瓶中作为碳源，再加入无菌 M9 矿物培养基将终体积调整到 100mL。同时，设置两组对照组，无菌对照组中加入 NaN₃（终浓度 5mmol/L）抑制微生物的生长，无碳源对照组则不添加碳源用于观察微生物自身生长情况。所有实验组均放置在 25℃培养箱黑暗培养，分别在第 1、3、5、7、9、11、15 天采集样品并分析 DOC、多糖和荧光物质变化情况。

微生物降解实验结果表明，实验开始后不同粒径的微生物均快速适应了不同时底物条件，在第 1 天内均以指数形式迅速增殖，细胞数由（1.7~2.5）×10^6 cells/mL 增加到（2.1~2.5）×10^7cells/mL[图 4-7（a）]。第 2 天之后自由态微生物细胞数比附着态微生物细胞数变化幅度明显，以 TB-EPS 为碳源的自由态微生物组其细胞数显著降低，而以 LB-EPS 为碳源的自由态微生物组的细胞数量则先升高而后降低。而附着态微生物组的细胞数量在第 2 天之后虽略有降低但基本维持在一个相对稳定的数量，且 LB-EPS 和 TB-EPS 碳源处理无显著差别。无碳源对照组中，微生物生物量在整个实验过程中没有显著变化，表明水华蓝藻 EPS 絮体可以作为微生物生长所需的碳源。

对于 DOC 浓度而言，LB-EPS 和 TB-EPS 中的 DOC 浓度在前 5 天均持续降低[图 4-7（b）]，说明 LB-EPS 和 TB-EPS 中有机质被微生物快速利用。对于相同粒径的微生物处理，其对 LB-EPS 的去除率效率低于 TB-EPS 的去除效率。对于不同粒径的微生物处理，发现附着态微生物比自由态微生物具有更高的 DOC 降解能力。例如，附着态微生物对 LB-EPS 和 TB-EPS 的降解率分别为 63.8%和 76.6%，而自由态微生物则分别为 61.9%和 53.9%。

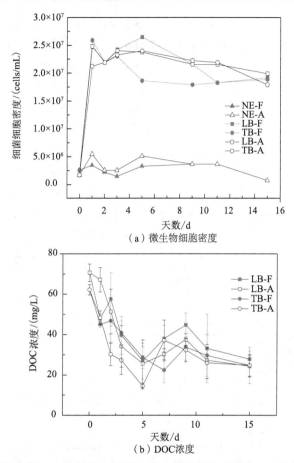

图 4-7　水华蓝藻 EPS 絮体降解过程中微生物细胞密度及 DOC 浓度变化特征

F 为自由态微生物处理；A 为附着态微生物处理；NE 为无碳源对照组

4.2.2　微生物降解过程中 EPS 光谱性质变化

　　紫外-可见吸收光谱是从分子对紫外线、可见光吸收的层面反映其特性，并可以通过吸收峰的识别和 UV 参数的分析揭示有机质分子结构层面的信息。EPS 絮体中有机质的吸收系数 $a(\lambda)(\mathrm{m}^{-1})$ 按下式进行计算：

$$a(\lambda) = 2.303 \times D(\lambda) / r \qquad (4-7)$$

式中，$D(\lambda)$ 为波长 λ 时的吸光度；r 为比色皿长度（以 m 为单位）。采用 250nm 与 365nm 处波长吸收系数的比值来表征 EPS 絮体相对分子量大小，该比值高低与分子量大小成反比。

　　尽管 EPS 絮体中总有机碳含量在微生物降解作用下不断降低，但通过对降解过程中 UV-Vis 光谱的测定可分析 EPS 絮体结构特征的变化。由图 4-8 可以看出，LB-EPS 和 TB-EPS 的 UV-Vis 光谱强度值均表现为随波长增大而逐渐减小，且随着微生物降解的进行其峰值吸收系数不断降低。初始 LB-EPS 样品在 250~300nm 和 300~350nm 区间有两个较弱的吸收峰，随着微生物降解的进行，在第 2 天时于 255nm 处出现一个明显的吸收峰。一般认为，有机质在 254nm 时的紫外吸收峰主要是由包含芳香族化合物在内的具有不饱和碳碳键的化合物引起的，相同 DOC 浓度下该波长吸光值的增加表明非腐殖质向腐殖质的转化。此外，LB-EPS 样品中 $a(250)/a(365)$ 比值在降解第 2 天也出现最大值[图 4-9(a)]，表明新产生的物质主要为小分子量物质。因此，微生物降解反应过程中，LB-EPS 中大分子非腐殖类物质在第 2 天转化为不稳定的腐殖质类物质，而后又被微生物所利用。对于不同微生物粒径的影响，自由态微生物对于有机质结构变化的作用比附着态更加明显，在 LB-EPS 的降解中促进了更多小分子新物质的产生，而后再次被微生物所利用转化为大分子难利用的物质。

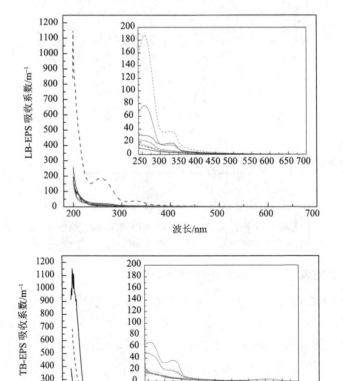

图 4-8　微生物降解过程中 EPS 絮体的紫外–可见光谱变化特征

实线为附着态微生物处理，虚线为自由态微生物处理

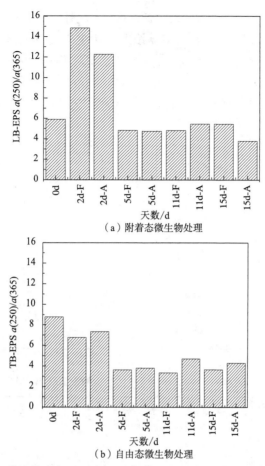

图 4-9　微生物降解过程中 EPS 絮体 $a(250)/a(365)$ 变化特征

　　与 LB-EPS 相比，初始 TB-EPS 在 250~300nm 和 300~350nm 也有两个吸收峰。除此之外，TB-EPS 在 600nm 附近还有一个较弱的吸收峰，该处吸收峰可能来自于微囊藻的特征色素藻蓝蛋白。随着微生物降解的进行，所有的光谱吸收系数均逐渐下降，表明 LB-EPS 中有机质被微生物有效利用。$a(250)/a(365)$ 比值在降解过程中逐渐降低，表明 TB-EPS 分子量在微生物降解过程中升高，其原因可能是微生物细胞的增殖和/或降解过程中 TB-EPS 小分子量有机物质的自絮凝团聚作用。

4.2.3　多糖浓度的变化

　　图 4-10 为不同粒径微生物对 LB-EPS 和 TB-EPS 絮体中多糖组分的降解变化趋势。可知，LB-EPS 中多糖利用率较低，在自由态和附着态微生物的作用下分别为 43% 和 28%。TB-EPS 中的多糖极易被微生物利用，在自由态和附着态

微生物条件下其降解效率分别为80%和63%。此外，EPS中多糖浓度在无菌对照组中无显著变化，说明EPS中多糖浓度变化主要受微生物影响。比较不同粒径微生物对多糖的降解效率发现，自由态微生物对LB-EPS和TB-EPS中多糖的降解效率均高于附着态微生物。自由态微生物较高的多糖降解效率可能与其较小的粒径及较大的比表面积有关，而附着态微生物较低的多糖降解效率则归因于其较低的自身碳需求效率。

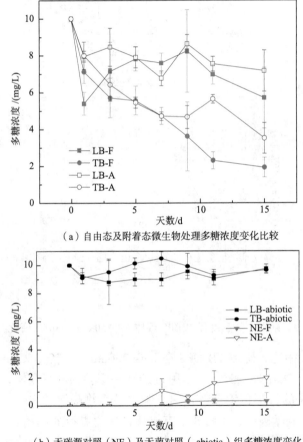

（a）自由态及附着态微生物处理多糖浓度变化比较

（b）无碳源对照（NE）及无菌对照（abiotic）组多糖浓度变化

图4-10　微生物降解过程中EPS絮体多糖变化特征

4.2.4　荧光组分变化

采用PARAFAC降维模型对微生物降解过程中收集的EPS样品的EEM图谱进行降维分析，共获得5个荧光组分，包括三个腐殖类组分（C1,C2,C5）和两个蛋白类组分（C3,C4）（图4-11）。组分C1包含两个荧光峰（Ex/Em：270/445nm，360/445nm），该荧光峰与Coble等报道的腐殖酸类荧光团位置相

近，且与富营养化系统中的腐殖类荧光物质相似。组分 C2 也包含两个荧光峰
（Ex/Em：235/400nm，290/400nm），该峰同样可归属为腐殖类荧光峰。组分
C3 的 Ex/Em 为 230，275/335nm，该峰归属于色氨酸类物质且被发现存在于多
种藻类 EPS 中。组分 C4 的 Ex/Em 分别为 230/300nm 和 265/300nm，该峰与之
前报道的酪氨酸类物质荧光峰位置相似且主要由藻类分泌产生。组分 C5 仅包含
一个荧光峰，其 Ex/Em 位置为 415/493nm，该峰为陆源性腐殖类组分。

　　微生物降解过程中各 PARAFAC 荧光组分的变化情况如图 4-12 所示。由于
蛋白类组分易被微生物所利用，故组分 C3 的荧光强度在微生物作用下逐渐降
低，组分 C4 荧光强度先略微升高此后逐渐下降。进一步研究发现，不管是自由
态微生物处理还是附着态微生物处理，TB-EPS 层中组分 C4 在第 2 天的上升幅
度高于 LB-EPS 层，其原因可能是因为 TB-EPS 层中组分 C3 在最初的快速降解
过程中转移或生成了少量组分 C4。对于 EPS 絮体的不同分层而言，LB-EPS 层
中组分 C3 在第 2 天的降解效率为 32.6%（自由态微生物处理）和 52.7%（附着
态微生物处理），显著低于 TB-EPS 层中组分 C3 的降解效率，表明 LB-EPS 层
中蛋白类物质的生物活性低于 TB-EPS 层。但是，随着微生物降解反应的继续
进行，LB-EPS 层中组分 C3 的最终降解效率为 80.8%~85.4%（附着态微生物），
与 TB-EPS 层中 C3 的降解效率（82.5%~96.6%）相当。

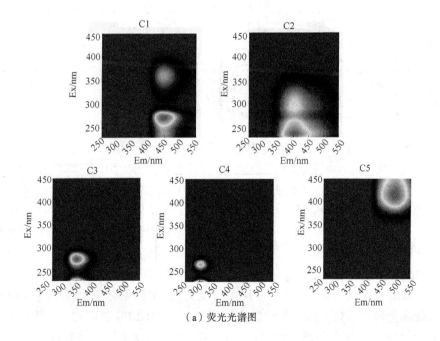

（a）荧光光谱图

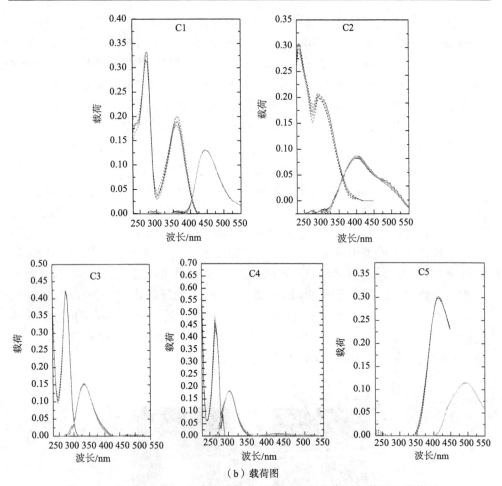

（b）载荷图

图 4-11　基于 PARAFAC 降维模型获得的五个组分荧光光谱图及载荷图

与蛋白类物质相比，腐殖类物质较难被微生物所利用。对于 LB-EPS 层，腐殖类组分 C1 的初始荧光强度值为 7.1，而在第 2 天时其强度值升至 8.9（自由态微生物处理）和 9.0（附着态微生物处理），此后随着降解反应的进行其强度又显著下降。TB-EPS 层中腐殖类物质 C1 的变化趋势同 LB-EPS 层中类似，如其荧光强度值从初始的 7.4 升至 9.0（自由态微生物处理）和 11.0（附着态微生物处理）。该结果表明，EPS 絮体在初期微生物降解过程生成了一些新的腐殖类物质，而这些腐殖类物质结构可能相对简单，在后期又被微生物迅速利用。微生物降解作用结束时，LB-EPS 层中腐殖类 C1 的降解效率为 93%（自由态微生物处理）和 74.4%（附着态微生物处理），而 TB-EPS 层中 C1 的降解效率则分别为 79.8%（自由态微生物处理）和 92.8%（附着态微生物处理）。与组分 C1 变化趋势相比，腐殖类组分 C2 强度在微生物降解过程中也是先迅速增大而后逐渐减小。但是,在微生物降解结束时组分 C2 的荧光强度值均略高于初始值,表明组分 C2 是一类较难被微生物降解的组分。

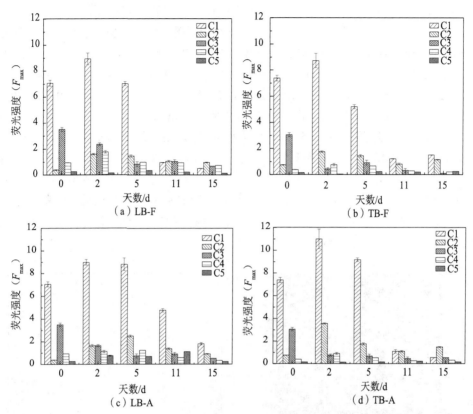

图 4-12　LB-EPS 和 TB-EPS 中各组分荧光强度随时间的变化

4.3　蓝藻 EPS 分散/团聚环境行为

　　水华蓝藻 EPS 在自然条件下除受到光化学及微生物降解外,环境电解质离子也会影响 EPS 性质及迁移归趋行为,进而影响其对污染物形态及水华形成的作用。所以,探讨不同电解质条件下 EPS 的环境行为如分散/团聚特征,可加深理解水环境中 EPS 絮体的归趋过程及其对污染物形态变化的影响,同时对蓝藻水华形成机理的认识也具有重要的作用。

　　室内条件下于 BG-11 标准培养基中培养铜绿微囊藻,于铜绿微囊藻生长成熟期采集藻体样品并提取 EPS 样品,具体为:藻体样品首先经 0.45μm 滤膜过滤,以去除溶解性杂质及无机营养物质,将滤膜截留藻体样品溶入质量分数为0.05%的 NaCl 溶液中,并在 60℃条件下水浴 30min,再在 15000g 条件下离心

20min，上清液经 0.45μm 滤膜过滤后获得初始 EPS 样品。初始 EPS 样品经减压回旋浓缩后置于透析袋（截留分子量：8000~14400 Da）低温（4℃）透析 48h，透析后的 EPS 样品冷冻干燥后配成浓度为 100mg/L 的母液待用。

首先对该室内培养的蓝藻 EPS 有机组分等理化性质进行初步分析，荧光 EEM 的结果表明 EPS 絮体含有四个明显的荧光峰（图 4-13），峰 A、B、C、D 的 Ex/Em 位置分别为 230/310~340nm、280/310~340nm、370/450nm、280/450nm。荧光 EEM 的结果表明，蓝藻 EPS 絮体含有明显的蛋白质类（峰 A 和峰 B）、腐殖酸类（峰 C）和富里酸类（峰 D）物质（Xu et al., 2013a）。

ATR-FTIR 结果表明，蓝藻 EPS 絮体在 3290cm^{-1}、1650cm^{-1}、1550cm^{-1}、1402cm^{-1} 和 1040cm^{-1} 处检测到特征峰，其中 3000~3300cm^{-1} 处的峰为 C—H 的伸缩振动，1650~1900cm^{-1} 处的峰为 C═O 的伸缩振动，1500~1680cm^{-1} 处的峰为 C═C 的伸缩振动，1300~1475cm^{-1} 处的峰为 C—H 的弯曲振动。这些结果表明，蓝藻 EPS 絮体含有明显的羧基、羟基、氨基和酚类基团等官能团，是一类典型的多组分混合物（Xu et al., 2016）。

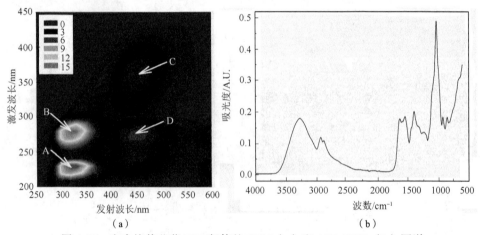

（a）   （b）

图 4-13　室内培养蓝藻 EPS 絮体的 EEM（a）和 ATR-FTIR（b）图谱

4.3.1　环境电解质作用下 EPS 絮体粒径及电位变化

为研究蓝藻 EPS 絮体与电解质的相互作用，分别测定了不同电解质价态和离子浓度条件下 EPS 絮体粒径的变化特征（图 4-14），发现 EPS 絮体粒径的变化与电解质离子价态和离子浓度显著相关。

蓝藻 EPS 絮体初始粒径约 130nm，当二价阳离子 Ca^{2+}或 Mg^{2+}电解质溶液浓度低于 0.5mmol/L 时，EPS 絮体粒径略微降低；此后随着电解质离子浓度的不断升高，EPS 絮体的粒径明显增大。可见，低浓度的二价阳离子使得单个 EPS

絮体分子结构更为紧凑，而高浓度的二价阳离子则有助于 EPS 絮体分子间的连接，促使 EPS 絮体发生团聚。相比于二价阳离子，单价阳离子（Na$^+$）对 EPS 絮体的粒径几乎没有影响。造成上述研究结果差异性的原因可能是电荷中和的作用，二价阳离子与单价阳离子相比具有更强的电荷中和能力，故其对 EPS 絮体的聚集性能优于单价阳离子（Palmer and von Wandruszka, 2001）。进一步分析发现，在相同离子浓度条件下，Ca^{2+}对 EPS 絮体粒径的增加幅度显著高于Mg^{2+}。例如，EPS 絮体粒径在 2mmol/L Ca^{2+}条件下可增至 700~800nm，而相同浓度的 Mg^{2+}仅使 EPS 絮体的粒径增至 400~500nm。这种实验结果的差异性表明，除电荷中和作用外，还有其他机理如离子架桥等促进了 EPS 絮体的团聚。

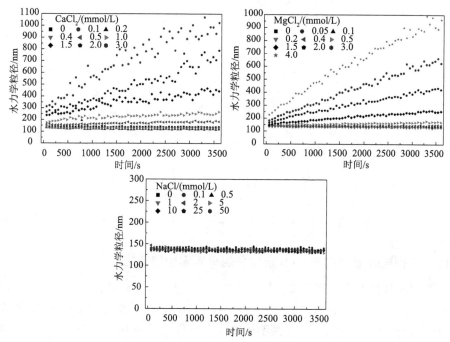

图 4-14　不同价态和浓度电解质作用下蓝藻 EPS 絮体粒径变化特征

为进一步研究 EPS 絮体与电解质的作用机理，同时测定了不同离子价态及浓度下蓝藻 EPS 絮体的电泳迁移率（图 4-15）。随着电解质浓度的增加，EPS 絮体的电泳率（EPM$_S$）值（绝对值）均降低，但其变化程度在不同价态电解质溶液中具有明显的异质性。在低浓度二价电解质溶液中，如 Ca^{2+}< 0.1mmol/L，Mg^{2+} < 0.2mmol/L 时，蓝藻 EPS 溶液的 EPM$_S$值几乎保持不变[–2.5×10^{-8}m^2/（V·s）]；进一步增大离子浓度时，其 EPM$_S$值显著降低；但当 Ca^{2+}和 Mg^{2+}离子浓度达到 0.6mmol/L 后 EPM$_S$值便缓慢降低，直至趋于稳定。然而，在单价 Na$^+$电解质溶液中，当浓度达到 0.5mmol/L 时 EPS 絮体的 EPM$_S$值开始持续降低。

　　通过比较不同电解质价态和浓度条件下 EPS 絮体的粒径和电位可知，EPS 絮体的 EPM$_S$ 值随着电解质浓度的升高逐渐降低，当 Ca^{2+} 和 Mg^{2+} 浓度为 0.5mmol/L，或 Na$^+$ 浓度为 50mmol/L 时，EPS 絮体均具有较低的 EPM$_S$ 值，但其水动力学粒径在该浓度范围内几乎不变，即在该条件下 EPS 絮体并没有发生明显的团聚行为。进一步增大 Ca^{2+} 和 Mg^{2+} 浓度，EPS 絮体粒径显著增大，但在该浓度范围下蓝藻 EPS 的 EPM$_S$ 值只是稍有降低。这些结果表明，电荷中和作用可能不是不同电解质条件下蓝藻 EPS 絮体发生团聚的唯一机理（Hosse and Wilkinson, 2001）。

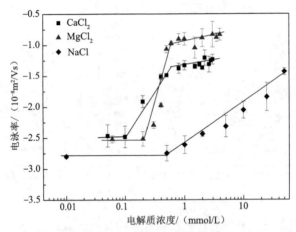

图 4-15　不同电解质作用下蓝藻 EPS 絮体 EPM$_S$ 值的变化

4.3.2　不同电解质条件下 EPS 絮体各组分和官能团变化

　　为深入分析不同电解质离子与 EPS 絮体的微观作用机理，对各电解质条件下 EPS 絮体进行 EEM 光谱扫描，并采用 PARAFAC 模型对获得的所有 EEM 光谱进行降维分析。EEM-PARAFAC 模型获得三个组分（图 4-16），分别如下：1 组分（Ex/Em：230，320/430nm）为腐殖质类物质，2 组分（Ex/Em：220，280/304nm）为蛋白质类羧酸，3 组分（Ex/Em：250，370/504nm）为富里酸类酚羟基（Xu et al., 2013a; Yan et al., 2013）。

　　对上述三个组分在不同电解质浓度下的变化特征进行分析，结果如图 4-17 所示。无论是单价还是二价阳离子电解质，随着离子浓度的不断升高，1 组分的荧光值变化略有波动，2 组分的荧光强度先迅速上升，而后趋于稳定，3 组分的荧光强度呈下降趋势。这些结果表明，阳离子电解质主要与蓝藻 EPS 絮体中的酚类物质有明显的结合。已有关于有机配体–污染物相互作用的研究表明，重金属 Cu^{2+} 可以与微生物 EPS 中的羧基和藻源有机物有效地结合（Sheng et al.,

2013; Hur and Lee, 2011; McIntyre and Gueguen, 2013）。同时，一些纳米颗粒如富勒烯和氧化铁等也与羧基和酚基团具有强结合能力（Manciulea et al., 2009; Wu et al., 2013）。然而，本书研究表明，与这些污染物相比，背景电解质阳离子只能与微囊藻 EPS 絮体中的酚羟基荧光团发生络合作用。

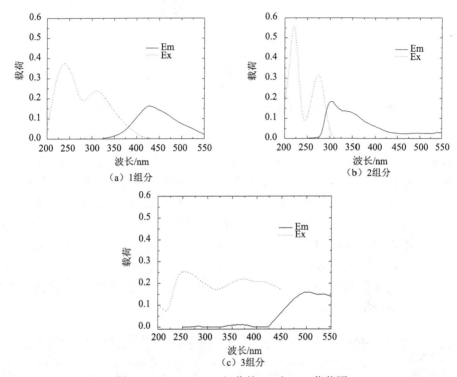

图 4-16　PARAFAC 组分的 Ex 和 Em 荷载图

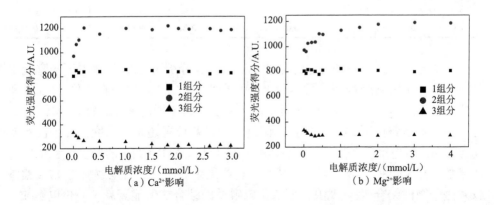

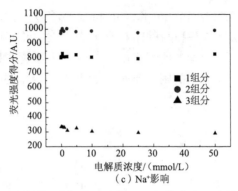

图 4-17　不同电解质作用下蓝藻 EPS 絮体荧光组分的变化特征

采用改进的 Stern-Volmer 方程量化 EPS 絮体与不同电解质离子的结合能力，结果如表 4-3 所示。与 Ca^{2+} 和 Mg^{2+} 相比，Na^+ 对微囊藻 EPS 絮体的 K_M 值 $[0.001（mg/L）^{-1}]$ 极低，表明 EPS 絮体与单价电解质的结合力极弱（Ahn et al., 2008）。酚类成分与 $Ca^{2+}[0.067（mg/L）^{-1}]$ 和 $Mg^{2+}[0.069（mg/L）^{-1}]$ 的 K_M 值相当，表明其与两种阳离子具有相似的结合强度。已有关于 DOM 与 Ca^{2+} 和 Mg^{2+} 的研究结果表明（Li and Elimelech, 2004），Ca^{2+} 和 Mg^{2+} 与 DOM 中羧基的结合能力强于羧基，且 Ca^{2+} 对羧基和酚基的结合性能一般也强于 Mg^{2+}。造成这些研究结果差异的确切原因仍不清楚，但与 DOM 和 EPS 的结构组成、溶液化学性质及所采用的分析方法有关。

表 4-3　PARAFAC 组分或 ATR-FTIR 官能团与环境电解质离子的结合常数

荧光组分或官能团	Ex/Em 或波数	Na^+		Ca^{2+}		Mg^{2+}	
		$K_M/（mg/L）^{-1}$	R^2	$K_M/（mg/L）^{-1}$	R^2	$K_M/（mg/L）^{-1}$	R^2
酚基组分	（250,370）/504nm	0.001	0.996	0.067	0.980	0.069	0.853
多糖 C—O 键	$1030cm^{-1}$	—	—	0.122	0.675	0.119	0.920
芳香类 C=C 键	$1620cm^{-1}$	0.004	0.976	0.045	0.665	0.067	0.889

除荧光物质结合特征外，还采用 ATR-FTIR 分析了 EPS 絮体中不同官能团与电解质离子的结合特征（图 4-18）。由图可知，EPS 官能团在一价（Na^+）和二价（Ca^{2+}、Mg^{2+}）等不同电解质条件下具有显著不同的变化特征。具体而言，在一价电解质条件下，ATR-FTIR 的图谱不管是峰位置还是峰强度都几乎没有变化；而在二价电解质条件下，随着浓度逐渐升高，ATR-FTIR 的峰位置也未发生明显的变化，但是其峰强度显著减小。这些结果表明，一价电解质与 EPS 絮体仅发生轻微的结合/络合现象，而二价电解质的结合能力显著高于一价电解质。但是，ATR-FTIR 的光谱峰位置在二价电解质条件下并未发生明显的蓝移或红移现象，表明二价电解质与 EPS 的结合机理可能主要是以物理作用为主。

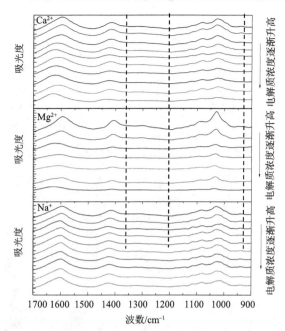

图 4-18　不同环境电解质条件下蓝藻 EPS 絮体 ATR-FTIR 变化特征

　　为了提高光谱分辨率，并深入探讨不同电解质离子与蓝藻 EPS 系统的结合差异性，采用了 2D-COS 技术对上述一维 ATR-FTIR 图谱进行傅里叶变化分析，获得二维 ATR-FTIR 图谱，分析结果如图 4-19 所示。

　　由图 4-19 显示，同步相关光谱中二价电解质离子 Ca^{2+} 和 Mg^{2+} 与 EPS 絮体的络合物均有 3 个主要的自动峰，即峰（1030/1030）cm^{-1}、（1420/1420）cm^{-1} 和（1620/1620）cm^{-1}，而单价 Na^+ 与 EPS 絮体仅有两个自动峰，即峰（1030/1030）cm^{-1} 和（1620/1620）cm^{-1}。ATR-FTIR 的峰值归属如下：位于 1620cm^{-1} 处峰为芳香烃 C=C 的伸缩，1420cm^{-1} 处则为纤维素 CH_2 的弯曲振动，1030cm^{-1} 处则归因于多糖或多糖类物质的 C—O 伸缩。在同步相关光谱中，二价电解质 Ca^{2+} 和 Mg^{2+} 与 EPS 絮体形成的络合物峰强变化为：1030cm^{-1}>1620cm^{-1}> 1420cm^{-1}，单价 Na^+ 与 EPS 絮体形成的络合物峰强变化为：1620cm^{-1}>1030cm^{-1}。自动峰出现在对角线的位置，其光谱强度值可表征系统受外部扰动引起的敏感性。所以，同步相关光谱结果表明，非荧光多糖类物质与二价阳离子电解质更为敏感，而 EPS 絮体中荧光类芳香性物质与一价阳离子具有较强的结合性能。

　　同步相关图谱中的非对角峰（交叉峰）代表光谱波动的同步性。二价电解质离子 Ca^{2+} 和 Mg^{2+} 与 EPS 絮体的络合物含有 2 个正的交叉峰，即（1620/1030）cm^{-1} 和（1420/1030）cm^{-1}，表明这些有机组分与二价阳离子的结合具有同向性，即均与二价阳离子具有显著的络合性能。然而，单价 Na^+ 与 EPS 系统络合物在

（1620/1030）cm^{-1} 处为负峰，这说明芳香烃的 C═C 与多糖中的 C—O 变化具有异向性。

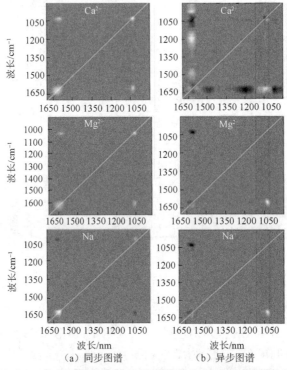

（a）同步图谱　　　　　　　（b）异步图谱

图 4-19　EPS-电解质络合物的同步图谱（a）和异步图谱（b）

另外，异步相关光谱能提供有机组分与电解质离子结合的先后顺序方面的信息。如图 4-19 所示，Ca^{2+}、Mg^{2+} 和 Na$^+$ 与 EPS 絮体的异步相关光谱在对角线以上分别具有 7、5 和 9 个交叉峰。根据 Noda 规则，二价电解质 Ca^{2+} 和 Mg^{2+} 与蓝藻 EPS 絮体的结合顺序为 1030cm^{-1}>1620cm^{-1}，而单价 Na$^+$ 与 EPS 絮体的结合顺序则为 1620cm^{-1}>1030cm^{-1}。所以，异步相关光谱结果表明，多糖 C—O 与二价 Ca^{2+} 和 Mg^{2+} 阳离子电解质的结合优先于芳香烃 C═C,但是对于单价 Na$^+$ 电解质而言，芳香烃 C═C 与 Na$^+$ 的结合优先于多糖 C—O 官能团。

修正 Stern-Volmer 模型也表明，多糖类 C—O 与二价阳离子电解质的结合能力（$k > 0.119$，$R^2 > 0.675$）高于芳香类 C═C 双键（$k < 0.067$，$R^2 > 0.665$），表明非荧光类物质在电解质阳离子结合过程中的重要性。然而，对于单价 Na$^+$ 电解质，其与芳香类 C═C 的结合能力极其微弱，且其与多糖类 C—O 官能团几乎没有结合能力。基于 DLS 和以上光谱技术，二价阳离子与蓝藻 EPS 絮体中的荧光酚羟基和芳香烃 C═C 以及非荧光多糖的 C—O 具有较强的结合能力，从而导致了类似—O—M^{2+}—O—的交叉链的形成，促进了 EPS 絮体的架桥和颗粒粒径的增大。但是，单价 Na⁺电解质与这些官能团的结合能力极为微弱，故单价电解质并不会引起 EPS 絮体的团聚和水力学粒径的增大。PARAFAC 组分或 FTIR 官能团与环境电解质离子的结合常数见表 4-3。

4.3.3　蓝藻 EPS 絮体团聚行为原位观察

为进一步表征 EPS 絮体与二价阳离子架桥作用的存在，采用低温冷冻透射电镜对 EPS 絮体在不同电解质条件下的分散/团聚行为进行原位观察，如图 4-20a 所示初始的蓝藻 EPS 颗粒清晰可见，颗粒间呈分散独立的状态，包含有球形或椭圆形状，粒径为 30~50nm。需要指出的是，Cryo-TEM 法获得的 EPS 絮体的粒径值比采用动态光散射法测定的值（约 130nm）小，这可能是因为在动态光散射法的测定中，大颗粒的蓝藻 EPS 能掩蔽小颗粒的散射信号，从而使测定结果偏大。

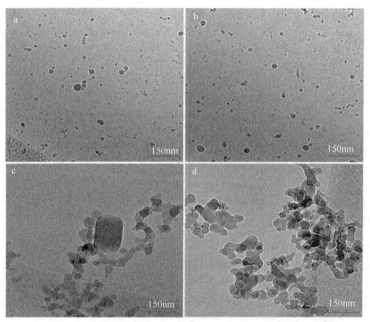

图 4-20　不同电解质条件下蓝藻 EPS 絮体的 cyro-TEM 图
a：初始 EPS 絮体；b：Na⁺；c：Ca²⁺；d：Mg²⁺

当单价阳离子 Na⁺与蓝藻 EPS 作用后，蓝藻 EPS 的形状和粒径并没有发生明显的变化，如图 4-20b 所示。单个的 EPS 颗粒仍然清晰可见，其粒径和形态几乎保持初始状态，这表明单价电解质离子并未引起蓝藻 EPS 絮体的团聚现象。然而，当二价 Mg²⁺和 Ca²⁺电解质与蓝藻 EPS 絮体作用后，EPS 絮体的颗粒粒径明显增大，颗粒间不再呈分散独立的状态，而是形成交叉链相互聚集在一起。

进一步观察可以发现，Ca^{2+}引起的交联更为明显，说明 Ca^{2+}的架桥作用更为突出。

综上所述，二价阳离子电解质与蓝藻 EPS 絮体具有较强的结合能力，并通过离子架桥作用增大了 EPS 絮体的水力学粒径，促进 EPS 絮体的团聚。而单价电解质离子因与 EPS 絮体结合能力微弱且无离子架桥作用，故单价电解质离子并未引起 EPS 絮体的团聚行为。

参 考 文 献

Ahn W Y, Kalinichev A G, Clark M M. 2008. Effects of background cations on the fouling of polyethersulfone membranes by natural organic matter: Experimental and molecular modeling study[J]. Journal of Membrane Science, 309(1-2): 128-140.

Baalousha M, Motelica-Heino M, Coustumer P L. 2006. Conformation and size of humic substances: Effects of major cation concentration and type, pH, salinity, and residence time[J]. Colloids and Surfaces A: Physicochemical and Engineering Aspects, 272: 48-55.

Baghoth S A, Sharma S K, Amy G L. 2011. Tracking natural organic matter (NOM) in a drinking water treatment plant using fluorescence excitationeemission matrices and PARAFAC [J]. Water Research, 45(2): 797-809.

Borisover M, Laor Y, Parparov A, et al. 2009. Spatial and seasonal patterns of fluorescent organic matter in Lake Kinneret (Sea of Galilee) and its catchment basin[J]. Water Research, 43(12): 3104-3116.

Bradford M M. 1976. A rapid and sensitive method for the quantitation of microgram quantities of protein utilizing the principle of protein-dye binding[J]. Analytical Biochemistry, 72: 248-254.

Bushaw K L, Zepp R G, Tarr M A, et al. 1996. Photochemical release of biologically available nitrogen from dissolved organic matter[J]. Nature, 381: 404-407.

Callieri C, Lami A, Bertoni R. 2011. Microcolony formation by single-cell *Synechococcus* strains as a fast response to UV radiation[J]. Applied and Environmental Microbiology, 77(21): 7533-7540.

Carey C C, Ibelings B W, Hoffmann E P, et al. 2012. Eco-physiological adaptations that favor freshwater cyanobacteria in a changing climate[J]. Water Research, 46: 1394-1407.

Carlos L, Mártire D O, Gonzalez M C, et al. 2012. Photochemical fate of a mixture of emerging pollutants in the presence of humic substances[J]. Water Research, 46(15): 4732-4740.

Chen C L, Wang X L, Jiang H, et al. 2007. Direct observation of macromolecular structures of humic acid by AFM and SEM[J]. Colloids and Surfaces A: Physicochemical and Engineering Aspects, 302: 121-125.

Chen J J, Toptygin D, Brand L, et al. 2008. Mechanism of the efficient tryptophan fluorescence quenching in human γD-crystallin studied by time-resolved fluorescence[J]. Biochemistry, 47(40): 10705-10721.

Chen W, Qian C, Liu X Y, et al. 2014. Two-dimensional correlation spectroscopic analysis on the interaction between humic acids and TiO_2 nanoparticles[J]. Environmental Science and Technology, 48: 11119-11126.

Chen W, Westerhoff P, Leenheer J A, et al. 2003. Fluorescence excitation-emission matrix regional integration to quantify spectra for dissolved organic matter[J]. Environmental Science and Technology, 37(24): 5701-5710.

Coble P G, 2007. Marine optical biogeochemistry: the chemistry of ocean color [J]. Chemical Reviews, 107: 402-418.

Domingos R F, Baalousha M A, Ju-Nam Y, et al. 2009. Characterizing manufactured nanoparticles in the environment: Multimethod determination of particle sizes[J]. Environmental Science and Technology, 43(19): 7277-7284.

Dubois M, Gilles K A, Hamilton J, et al. 1956. Colorimetric method for determination of sugar and relative substances[J]. Analytical Chemistry, 28: 350-366.

Garcia-Pichel F, Castenholz R W. 1993. Occurrence of UV-absorbing, mycosporine-like compounds among cyanobacterial isolates and an estimate of their screening capacity[J]. Applied and Environmental Microbiology, 59(1): 163-169.

Hays M D, Ryan D K, Pennell S. 2004. A modified multisite Stern-Volmer equation for the determination of conditional stability constants and ligand concentrations of soil fulvic acid with metal ions[J]. Analytical Chemistry, 76: 848-854.

Helms J R, Stubbins A, Ritchie J D, et al. 2008. Absorption spectral slopes and slope ratios as indicators of molecular weight, source, and photobleaching of chromophoric dissolved organic matter[J]. Limnology and Oceanography, 53(3): 955-969.

Henderson R K, Baker A, Parsons S A, et al. 2008. Characterisation of algogenic organic matter extracted from cyanobacteria, green algae and diatoms[J]. Water Research, 42(13): 3435-3445.

Hiriart-Baer V P, Smith R E H. 2005. The effect of ultraviolet radiation on freshwater planktonic primary production: the role of recovery and mixing processes[J]. Limnology and Oceanography, 50(5): 1352-1361.

Hosse M, Wilkinson J. 2001. Determination of electrophoretic mobilities and hydrodynamic radii of three humic substances as a function of pH and ionic itrength[J]. Environmental Science and Technology, 35: 4301-4306.

Hur J, Jung K Y, Jung Y M. 2011. Characterization of spectral responses of humic substances upon UV irradiation using two-dimensional correlation spectroscopy[J]. Water Research, 45(9): 2965-2974.

Hur J, Lee B M. 2011. Characterization of binding site heterogeneity for copper within dissolved organic matter fractions using two-dimensional correlation fluorescence spectroscopy[J]. Chemosphere, 83: 1603-1611.

Hussain A N A, Elizabeth C M, Patrick G H. 2010. Using two-dimensional correlations of ^{13}C NMR and FTIR to investigate changes in the chemical composition of dissolved organic matter along an estuarine transect[J]. Environmental Science and Technology, 44(21): 8044-8049.

Huynh K A, Chen K L. 2011. Aggregation kinetics of citrate and polyvinylpyrrolidone coated silver nanoparticles in monovalent and divalent electrolyte solutions[J]. Environmental Science and Technology, 45(13): 5564-5571.

Ishii S K L, Boyer T H. 2012. Behavior of reoccurring PARAFAC components in fluorescent dissolved organic matter in natural and engineered systems: A critical review[J]. Environmental Science and Technology, 46(4): 2006-2017.

Jones M N, Bryan N D. 1998. Colloidal properties of humic substances[J]. Advances in Colloid and Interface Science, 78: 1-48.

Li L, Gao N Y, Deng Y, et al. 2012. Characterization of intracellular and extracellular algae organic matters(AOM) of *Microcystic aeruginosa* and formation of AOM-associated disinfection byproducts and odor and taste compounds[J]. Water Research, 46(4): 1233-1240.

Li Q, Elimelech M. 2004. Organic fouling and chemical cleaning of nanofiltration membranes: Measurements and mechanisms[J]. Environmental Science and Technology, 38: 4683-4693.

Manciulea A, Baker A, Lead J R. 2009. A fluorescence quenching study of the interaction of suwannee river fulvic acid with iron oxide nanoparticles[J]. Chemosphere, 76(8): 1023-1027.

Marko M, Hsieh C, Schalek R, et al. 2007. Focused-ion-beam thinning of frozenhydrated biological specimens for cryoelectron microscopy[J]. Nature Methods, 4: 215-217.

McIntyre A M, Gueguen C. 2013. Binding interactions of algal-derived dissolved organic matter with metal ions[J]. Chemosphere, 90(2): 620-626.

McKnight D M, Boyer E W, Westerhoff P K, et al. 2001. Spectrofluorometric characterization of dissolved organic matter for indication of precursor organic material and aromaticity[J]. Limnology and Oceanography, 46(1): 38-48.

Milne C J, Kinniburgh D G, van Riemsdijk W H, et al. 2003. Generic NICA-Donnan model parameters for metal-ion binding by humic substances[J]. Environmental Science and Technology, 37(5): 958-971.

Murphy K R, Hambly A, Singh S, et al. 2011. Organic matter fluorescence in municipal water recycling schemes: Toward a unified PARAFAC model[J]. Environmental Science and Technology, 45(7): 2909-2916.

Ni B J, Fang F, Xie W M, et al. 2009. Characterization of extracellular polymeric substances produced by mixed microorganisms in activated sludge with gel-permeating chromatography, excitation–emission matrix fluorescence spectroscopy measurement and kinetic modeling[J]. Water Research, 43(5): 1350-1358.

Noda I, Ozaki Y. 2004. Two-dimensional Correlation Spectroscopy: Applications in Vibrational and Optical Spectroscopy[M]. London: John Wiley and Sons Inc.

Ohno T, Amirbahman A, Bro R. 2008. Parallel factor analysis of excitation-emission matrix fluorescence spectra of water soluble soil organic matter as basis for the determination of conditional metal binding parameters[J]. Environmental Science and Technology, 42(1): 186-192.

Osburn C L, Handsel L T, Mikan M P, et al. 2012. Fluorescence tracking of dissolved and particulate organic matter quality in a river-dominated estuary[J]. Environmental Science and Technology, 46(16): 8628-8636.

Paerl H W, Paul V J. 2012. Climate change: Links to global expansion of harmful cyanobacteria[J]. Water Research, 46: 1349-1363.

Paerl H W, Xu H, McCarthy M J, et al. 2011. Controlling harmful cyanobacterial blooms in a hyper-eutrophic lake(Lake Taihu, China): The need for a dual nutrient(N and P)management strategy[J]. Water Research, 45(5): 1973-1983.

Palmer N E, von Wandruszka R. 2001. Dynamic light scattering measurements of particle size development in aqueous humic materials[J]. Fresenius' Journal of Analytical Chemistry, 371: 951-954.

Pereira S, Zille A, Micheletti E, et al. 2009. Complexity of cyanobacterial exopolysaccharides: Composition, structures, inducing factors and putative genes involved in their biosynthesis and assembly[J]. FEMS Microbiology Reviews, 33(5): 917-941.

Qu F S, Liang H, He J G, et al. 2012a. Characterization of dissolved extracellular organic matter(dEOM) and bound extracellular organic matter(bEOM) of *Microcystis aeruginosa* and their impacts on UF membrane fouling[J]. Water Research, 46(9): 2881-2890.

Qu F S, Liang H, Wang Z Z, et al. 2012b. Ultrafiltration membrane fouling by extracellular organic matters(EOM) of *Microcystis aeruginosa* in stationary phase: Influences of interfacial characteristics of foulants and fouling mechanisms[J]. Water Research, 46(5): 1490-1500.

Rodríguez-Zúñiga U F, Milori D M, da Silva W T, et al. 2008. Changes in optical properties caused by UV-irradiation of aquatic humic substances from the amazon river basin: Seasonal variability evaluation[J]. Environmental Science and Technology, 42(6): 1948-1953.

Sheng G P, Xu J, Luo H W, et al. 2013. Thermodynamic analysis on the binding of heavy metals onto extracellular polymeric substances(EPS) of activated sludge[J]. Water Research, 47: 607-614.

Sheng G P, Yu H Q. 2006. Characterization of extracellular polymeric substances of aerobic and anaerobic sludge using three-dimensional excitation and emission matrix fluorescence spectroscopy[J]. Water Research, 40: 1233-1239.

Sommaruga R, Chen Y W, Liu Z W. 2009. Multiple strategies of bloom-forming *Microcystic* to minimize damage by solar ultraviolet radiation in surface waters[J]. Microbial Ecology, 57(4): 667-674.

Sorrels C M, Proteau P J, Gerwick W H. 2009. Organization, evolution, and expression analysis of biosynthetic gene cluster for scytonemin, a cyanobacterial UV-absorbing pigment[J]. Applied and Environmental Microbiology, 75(14): 4861-4869.

Stedmon C A, Bro R. 2008. Characterizing dissolved organic matter fluorescence with parallel factor analysis: a tutorial[J]. Limnology and Oceanography: Methods, 6: 572-579.

Stedmon C A, Markager S, Tranvik L, et al. 2007. Photochemical production of ammonium and transformation of dissolved organic matter in the Baltic Sea[J]. Marine Chemistry, 104(3-4): 227-240.

Sulzberger B, Durisch-Kaiser E. 2009. Chemical characterization of dissolved organic matter(DOM): A prerequisite for understanding UV-induced changes of DOM absorption properties and bioavailability[J]. Aquatic Sciences, 71(2): 104-126.

Tao M, Xie P, Chen J, et al. 2012. Use of a generalized additive model to investigate key abiotic factors affecting microcystin cellular quotas in heavy bloom areas of Lake Taihu[J]. PLoS One, 7(2): e32020.

Vecchio R D, Blough N V. 2002. Photobleaching of chromophoric dissolved organic matter in natural waters: kinetics and modeling[J]. Marine Chemistry, 78(4): 231- 253.

Wang L F, Wang L L, Ye X D, et al. 2013. Coagulation kinetics of humic aggregates in mono-and di-valent electrolyte solutions[J]. Water Research, 47: 5042-5049.

Wang L L, Wang L F, Ye X D, et al. 2012. Spatial configuration of extracellular polymeric substances of *Bacillus megaterium* TF10 in aqueous solution[J]. Water Research, 46: 3490-3496.

Wang L Y, Wu F C, Zhang R Y, et al. 2009. Characterization of dissolved organic matter fractions from Lake Hongfeng, Southwestern China Plateau[J]. Journal of Environmental Sciences, 21(5): 581-588.

Wu F C, Bai Y C, Mu Y S, et al. 2013. Fluorescence quenching of fulvic acids by fullerene in water[J]. Environmental Pollution, 172: 100-107.

Wu J L, Zeng H A, Yu H, et al. 2012. Water and sediment quality in lakes along the middle and lower reaches of the Yangtze river, China[J]. Water Resources Management, 26: 3601-3618.

Xu H C, Cai H Y, Yu G H, et al. 2013a. Insights into extracellular polymeric substances of cyanobacterium *Microcystis aeruginosa* using fractionation procedure and parallel factor analysis[J]. Water Research, 47: 2005-2014.

Xu H C, Jiang H L. 2013. UV-induced photochemical heterogeneity of dissolved and attached organic matter associated with cyanobacterial blooms in a eutrophic freshwater lake[J]. Water Research, 47: 6506-6515.

Xu H C, Jiang H L, Yu G H, et al. 2014. Towards understanding the role of extracellular polymeric substances in cyanobacterial *Microcystis* aggregation and mucilaginous bloom formation[J]. Chemosphere, 117: 815-822.

Xu H C, Lv H, Liu X, et al. 2016. Electrolyte cations binding with extracellular polymeric substances enhanced *Microcystis* aggregation: Implication for *Microcystis* bloom formation in eutrophic freshwater lakes[J]. Environmental Science and Technology, 50: 9034-9043, 2016.

Xu H C, Yan Z S, Cai H Y, et al. 2013b. Heterogeneity in metal binding by individual fluorescent components in a eutrophic algae-rich lake[J]. Ecotoxicology and Environmenal Safe, 2013: 266-272.

Xu H C, Yu G H, Jiang H L. 2013c. Investigation on extracellular polymeric substances from mucilaginous cyanobacterial blooms in eutrophic freshwater lakes[J]. Chemosphere, 93: 75-81.

Yamashita Y, Jaffe R. 2008. Characterizing the interactions between trace metals and dissolved organic matter using excitation-emission matrix and parallel factor analysis[J]. Environmental Science and Technology, 42(19): 7374-7379.

Yamashita Y, Jaffe R, Maie N, et al. 2008. Assessing the dynamics of dissolved organic matter (DOM) in coastal environments by excitation emission matrix fluorescence and parallel factor analysis (EEM-PARAFAC) [J]. Limnology and Oceanography, 53 (5): 1900-1908.

Yan M Q, Fu Q W, Li D C, et al. 2013. Study of the pH influence on the optical properties of dissolved organic matter using fluorescence excitation-emission matrix and parallel factor analysis[J]. Journal of Luminescence, 142: 103-109.

Yang Z, Kong F X. 2012. Formation of large colonies: A defense mechanism of *Microcystis aeruginosa* under continuous grazing pressure by flagellate Ochromonas sp[J]. Journal of Limnology, 71: 61-66.

Yao X, Zhang Y L, Zhu G W, et al. 2011. Resolving the variability of CDOM fluorescence to differentiate the sources and fate of DOM in Lake Taihu and its tributaries[J]. Chemosphere, 82(2): 145-155.

Yu G H, Wu M J, Wei G R, et al. 2012. Binding of organic ligands with Al(III) in dissolved organic matter from soil: implications for soil organic carbon storage[J]. Environmental Science and Technology, 46: 6102-6109.

Yu T, Yuan Z, Wu F C, et al. 2013. Six-decade change in water chemistry of large freshwater Lake Taihu, China[J]. Environmental Science and Technology, 47: 9093-9101.

Zhang M, Duan H T, Shi X L, et al. 2012. Contributions of meteorology to the phenology of cyanobacterial blooms: Implications for future climate change[J]. Water Research, 46: 442-452.

Zhang Y L, Liu M L, Qin B Q, et al. 2009. Photochemical degradation of chromophoric-dissolved organic matter exposed to simulated UV-B and natural solar radiation[J]. Hydrobiologia, 627(1): 159-168.

Zhang Y L, Yin Y, Feng L Q, et al. 2011. Characterizing chromophoric dissolved organic matter in Lake Tianmuhu and its catchment basin using excitation-emission matrix fluorescence and parallel factor analysis[J]. Water Research, 45(16): 5110-5122.

Zhou P, Yan H, Gu B H. 2005. Competitive complexation of metal ions with humic substances[J]. Chemosphere, 58(10): 1327-1337.

Ziegmann M, Abert M, Muller M, et al. 2010. Use of fluorescence fingerprints for the estimation of bloom formation and toxin production of *Microcystis aeruginosa* [J]. Water Research, 44 (1)：195-204.

第5章　EPS 促进蓝藻水华形成的热力学和能量机制

蓝藻生长和水华形成主要受外界环境因子和蓝藻本身性质影响。外界环境因子对蓝藻水华形成的影响已有大量的报道,主要研究因素包括温度、pH、光照、营养盐浓度、水力学条件等(Paerl and Paul, 2012; Zhang et al., 2012; Tao et al., 2012; Yang and Kong, 2012)。这些研究探讨了水华发生的相关生态指标阈值,对水华形成机理分析具有重要促进作用,同时也可引导人们采取有效措施预防和控制水华发生。但是,目前的研究多集中在环境因子与蓝藻生长和水华形成的关系方面,关于蓝藻 EPS 对水华形成作用的相关信息却鲜有报道。主要原因可能是水华蓝藻具有流变性,使得对 EPS 影响水华形成的作用研究具有较大的困难和挑战性。本章我们采用优化的 EPS 提取操作,结合先进的表面热力学和扩展 DLVO 理论,从能量热力学角度定量计算 EPS 对蓝藻颗粒聚集和水华形成的定量作用。

5.1　微生物颗粒表面热力学分析及界面自由能

5.1.1　表面热力学分析

虽然蓝藻 EPS 对水华形成具有促进作用已被广大学者所接受,但是已有的研究均是关于 EPS 对水华形成作用的定性概述,鲜有关于其定量作用的研究报道。这也限制了人们对颗粒聚集和蓝藻水华形成机理的深入探讨。由于蓝藻颗粒等微生物聚集体的结构、形态及分散/团聚性能均与其表面特性息息相关,这为通过分析其表面热力学特征提供了现实指导意义。通过表面接触角测定仪和 ζ 电位分析仪(图 5-1)测定样品亲/疏水性和表面电荷,得到样品的表面张力及其各分项作用项,进而可以获得不同溶液体系中的样品各界面作用力以及界面自由能。

对于某一特定表面来说,其总表面张力可分为范德瓦耳斯表面张力作用项(γ_i^{LW})和极性作用项(γ_i^{AB})。微生物各表面张力项及系数可由下式获得:

$$(1+\cos\theta)\gamma_{\mathrm{W}} = 2\left[(\gamma_{\mathrm{M}}^{\mathrm{LW}}\gamma_{\mathrm{W}}^{\mathrm{LW}})^{1/2} + (\gamma_{\mathrm{M}}^{+}\gamma_{\mathrm{W}}^{-})^{1/2} + (\gamma_{\mathrm{M}}^{-}\gamma_{\mathrm{W}}^{+})^{1/2} \right] \tag{5-1}$$

式中,下标 M 和 W 分别代表微囊藻细胞和水;θ 是微囊藻细胞表面和测试液体间的接触角;γ^{LW} 为范德瓦耳斯表面张力作用项;γ^{+} 和 γ^{-} 分别为极性项中电子受

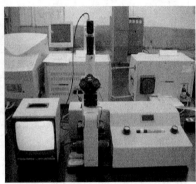

图 5-1　表面接触角测定仪（左图）和 ζ 电位分析仪（右图）

体和电子供体参数。本实验中测试液体分别为蒸馏水、1-溴代萘和甲酰胺，它们的表面张力值及各作用项分量见表 5-1。

表 5-1　测试液体水、1-溴代萘和甲酰胺表面张力值及各作用项分量（单位: mJ/m²）

测试液体	γ_W	γ^{LW}	γ^{AB}	γ^+	γ^-
蒸馏水	72.8	21.8	51.0	25.5	25.5
1-溴代萘	44.4	44.4	0	0	0
甲酰胺	58.0	39.0	19.0	2.3	39.6

通过以上测定计算，可获得微生物自身的表面张力及不同作用项，而微生物与水的界面张力（γ_{MW}）可由以下公式计算：

$$\gamma_{MW} = \gamma_{MW}^{LW} + \gamma_{MW}^{AB} \tag{5-2}$$

其中：

$$\gamma_{MW}^{LW} = \left(\sqrt{\gamma_M^{LW}} - \sqrt{\gamma_W^{LW}} \right)^2 \tag{5-3}$$

$$\gamma_{MW}^{AB} = 2\left(\sqrt{\gamma_M^+ \gamma_M^-} + \sqrt{\gamma_W^+ \gamma_W^-} - \sqrt{\gamma_M^+ \gamma_W^-} - \sqrt{\gamma_M^- \gamma_W^+} \right) \tag{5-4}$$

所以，微生物之间的界面吸附自由能（包括极性自由能及范德瓦耳斯作用自由能）可通过下式计算得到：

$$\Delta G_{MW}^{TOT} = \Delta G_{MW}^{LW} + \Delta G_{MW}^{AB} = -2\left(\gamma_{MW}^{LW} + \gamma_{MW}^{AB} \right) \tag{5-5}$$

5.1.2　扩展 DLVO 理论

DLVO 理论最早是由 Derjaguin、Landau、Verwey、Overbeek 四人于 20 世纪 40 年代初提出并发展的，是目前对于胶体溶液稳定性解释比较完善的理论。它以溶胶粒子之间的范德瓦耳斯相互吸引力和静电相互排斥力作为基础，当粒子相互接近时，这两种相反的作用力就决定了溶胶体系的稳定性。而这两种作用力的大小又取决于溶液的电解质浓度、体系粒子的表面性质、带电性等。通过 ζ 电位、接触角测定、显微成像等多种实验分析手段的结合，可以为体系的稳定性提供定量的数学描述。近年来，DLVO 理论已经被广泛用于化工、采矿、微生物等领域（Bayoudh et al., 2009; Liu et al., 2010; Chen et al., 2012; Li et al., 2012; Yang et al., 2013; Li et al., 2013; Su et al., 2013），为这些体系中的粒子之间的相互作用提供了理论支持。

经典 DLVO 理论中，颗粒间的界面能量包括静电排斥项（W_{MW}^{EL}）和范德瓦耳斯吸附项（W_{MW}^{LW}）。W_{MW}^{LW} 只在很短的距离内起作用，W_{MW}^{EL} 的作用则稍远些。W_{MW}^{EL} 随着颗粒间距离的接近而增大并逐渐接近一个常数值。当粒子逐渐接近时，首先起作用的是相斥位能，粒子间有一定的排斥力。如果粒子克服 W_{MW}^{EL} 并进一步靠拢到达某一距离时，W_{MW}^{LW} 开始起作用，随后粒子间距离越接近，W_{MW}^{LW} 的影响越显著。体系总的位能曲线就决定于这两种相反的作用力。通常情况下，如果体系的位能曲线存在明显的势垒，那么体系中的粒子将会长时间保持稳定分散状态而很难发生絮凝现象（Liu et al., 2008; van Oss, 1995）。

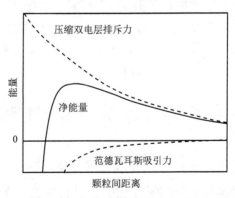

图 5-2　经典 DLVO 理论界面能量作用曲线示意图

由于经典 DLVO 理论可解析颗粒离子间的稳定现象及机理，近年来已逐渐应用于表征微生物之间的相互作用与吸附特性，收到了很好的成效。然而，经典的 DLVO 理论没有考虑到在短程作用距离内占主导的水合作用项的影响，因此对于预测水相中微生物细胞之间的相互作用出现了较大的困难。为解决这一问题，研究学者在经典 DLVO 理论中引入水合作用项，很好地对微生物之间的相互作用行为进行了表征与预测（Liu et al., 2008）。

所以，在扩展 DLVO 理论中，微生物细胞之间相互作用的总能量表示为静电排斥项（W_{MW}^{EL}）、范德瓦耳斯吸附项（W_{MW}^{LW}）和水合作用项（W_{MW}^{AB}）三者的加和形式：

$$W_{MW}^{TOT} = W_{MW}^{LW} + W_{MW}^{EL} + W_{MW}^{AB} \qquad (5\text{-}6)$$

式中，

$$W_{MW}^{LW} = -\frac{A_{MWM}R}{12H} \qquad (5\text{-}7)$$

$$W_{MW}^{EL} = 2\pi\varepsilon R\psi_s^2 \ln[1 + \exp(-\kappa H)] \qquad (5\text{-}8)$$

$$W_{MW}^{AB} = \pi R\lambda\Delta G_{adh}^{AB}\exp\left(\frac{l_0 - H}{\lambda}\right) \qquad (5\text{-}9)$$

式中，$A_{MWM} = \left[24\pi l_0^2\left(\sqrt{\gamma_M^{LW}} - \sqrt{\gamma_W^{LW}}\right)^2\right]$ 为有效哈马克（Hamaker）常数，其值可通过接触角和表面热力学来计算；$\Delta G_{adh}^{AB} = -4\left(\sqrt{\gamma_M^+} - \sqrt{\gamma_W^+}\right)\left(\sqrt{\gamma_M^-} - \sqrt{\gamma_W^-}\right)$ 为单位面积的酸碱自由能；l_0 是相邻表面的最小平衡距离（约 0.157nm）；H 为藻细胞间距离；R 是微囊藻细胞直径；ψ_s 和 κ 分别代表 Stern 电势和扩散层厚度，它们与静电排斥作用项息息相关；λ 为液体环境中分子相关长度（约 0.6nm），其值与藻细胞间距离 H 和细胞疏水性显著相关。

5.2 EPS 提取操作对蓝藻颗粒聚集性能变化的影响

5.2.1 不同生境条件下蓝藻 EPS 含量和组成比较

为比较不同生境条件下蓝藻颗粒 EPS 含量和组成，分别获取太湖梅梁湾湖区富含藻颗粒的水体样品及室内培养的铜绿微囊藻（图 5-3）。采用上述获得的 EPS 优化提取方法对藻颗粒样品进行提取操作，并获得两种生境条件下的 EPS 样品。发现野外蓝藻聚集体中 EPS 的含量约为 28mg/g（干重），而室内培养蓝藻中 EPS 的含量约为 14mg/g（干重）（图 5-4），即野外蓝藻聚集体中 EPS 含量约为室内蓝藻 EPS 含量的 2 倍。与室内培养的蓝藻细胞相比，野外采集的蓝藻聚集体由于需承受更强的光照、更剧烈的湖泊水动力扰动及浮游动物的捕食危险（Paerl and Paul, 2012; Yang and Kong, 2012; Zhang et al., 2012），其生态胁迫压力使得野外蓝藻颗粒会分泌更多的 EPS 进行自身保护。

图 5-3　野外原位采集（左图）和室内培养（右图）照片

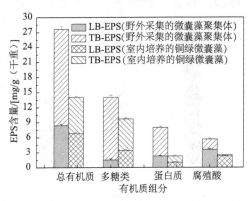

图 5-4　室内培养及野外采集蓝藻 EPS 含量及组成比较

　　除有机质含量外，不同生境条件下的蓝藻 EPS 絮体有机组分也具有显著的差异性：对于野外蓝藻聚集体来说，腐殖酸、蛋白质和多糖是 EPS 的主要有机组分；对于室内培养蓝藻来说，蛋白质组分含量显著降低而腐殖酸和多糖成为主要有机组分。除有机组分含量差异外，EPS 絮体的分布模式也具有较大的差异（Liao et al., 2001; Liu et al., 2004; Li and Yang, 2007）。具体而言，野外蓝藻聚集体有机质主要分布在 TB-EPS 层中，而室内培养蓝藻有机质则几乎全部均匀地分布在 LB-EPS 和 TB-EPS 层中。对于野外蓝藻聚集体来说，这种不均匀性的分布特征可能有利于细胞在野外条件下仍然维持细胞完整性（Xu et al., 2013a;

Xu and Jiang, 2013）。

5.2.2　EPS 提取操作对蓝藻颗粒聚集性能的影响

虽然 EPS 对蓝藻水华形成的促进作用已逐渐引起学者的研究兴趣，但是已有的研究仅是从定性方面探讨 EPS 的这种促进作用，鲜有从定量方面解析 EPS 作用的报道。本研究首次采用 EPS 分级提取结合扩展 DLVO 理论拟定量解析 EPS 絮体对水华形成的促进作用。选择水华生消不同阶段（初始期、形成期、成熟期）时间序列样品，对每一时间序列蓝藻颗粒样品进行 EPS 分级提取，分析 EPS 提取前后蓝藻颗粒聚集性能的变化。

采用聚集率指标来表征蓝藻颗粒的聚集性能变化。首先测定微囊藻细胞在 650nm 处的吸光度（A_0），然后在 1000g 条件下离心 2min。最后用移液器从上层 2cm 以下液面小心吸取约 3mL 样品在 650nm 波长下测定吸光度（A_t）。微囊藻颗粒细胞的聚集指数可通过式（5-10）计算得到：

$$聚集率 = \left(1 - \frac{A_t}{A_0}\right) \times 100 \tag{5-10}$$

图 5-5 为野外及室内采集样品 EPS 絮体提取前后颗粒聚集性能的变化。由

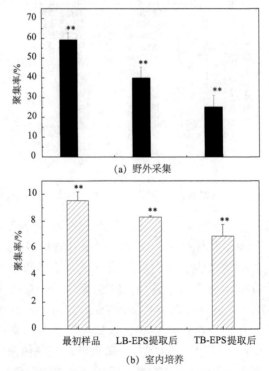

(a) 野外采集

(b) 室内培养

图 5-5　EPS 絮体提取过程中野外采集（a）及室内培养（b）蓝藻颗粒聚集性能变化

** 代表在 0.01 水平显著相关

图可知，野外初期水华蓝藻颗粒（5 月样品）的聚集率远高于室内培养的铜绿微囊藻（59.33%与 9.53%）。室内培养蓝藻颗粒的聚集性能与其他研究报道的产氢细菌（*Rhodopseudomonas acidophila*）的聚集性能（12%）相似（Liu et al.，2007），而野外蓝藻颗粒较高的聚集性能可能与其特殊的环境条件（如光照、水动力、捕食压力等）有关。野外蓝藻颗粒较高的聚集性能也说明野外条件下易形成蓝藻水华，而室内培养蓝藻多以单个颗粒形式存在。EPS 提取操作均可降低微囊藻的聚集性能，但是降低幅度具有明显的差异性。以野外蓝藻颗粒为例，LB-EPS 提取后，其聚集性能从 59.33%降到 40.05%，进一步将 TB-EPS 提取后，其聚集性能降为 25.30%。由图还可知，野外蓝藻颗粒聚集性能的降低幅度（57.4%）远大于室内培养的铜绿微囊藻（27.6%），这也从另一角度说明 EPS 絮体对野外蓝藻颗粒聚集和水华形成具有更重要的作用。

5.3　基于 DLVO 解析的 EPS 对蓝藻水华形成的促进作用

5.3.1　EPS 提取前后颗粒表面热力学变化

微生物聚集体的聚集性能与其表面热力学特性显著相关（Liu et al.，2008）。对于室内培养铜绿微囊藻和野外采集的蓝藻聚集体，LB-EPS 和 TB-EPS 的提取操作均使蓝藻颗粒表面特性发生明显变化。例如，EPS 提取操作均显著降低了藻颗粒细胞表面水接触角和 ζ 电位（表 5-2），表明 EPS 絮体提取后藻颗粒细胞具有更高的疏水性及电负性。此外，高的电子供体组分（γ^-）和相对低的电子受体组分（γ^+）表明所采用的微囊藻颗粒样品具有较强的单极电子供给特征（Liu et al.，2008; Su et al.，2013）。γ^- 是微生物表面热力学分析中反映微生物表面特性的一个重要参数，它可以直接反映微生物表面结构的变化（Liu et al.，2008; Yang et al.，2013）。如 RCOH 和 RCOO$^-$ 基团能够明显增加 γ^- 值的大小，而—H＝CH—和—C＝CH$_2$ 基团却对微生物表面特性参数 γ^- 的值起到明显的降低作用。本节中，EPS 提取过程中逐渐升高的 γ^- 值也表明藻细胞表面的疏水性能逐渐降低。除 γ^- 外，ΔG_{MW}^{TOT} 数值的正负性也与颗粒细胞的疏/亲水性能显著相关（Chen et al.，2012; Su et al.，2013）。本节中，EPS 提取操作使室内培养蓝藻颗粒 ΔG_{MW}^{TOT} 从 10.41mJ/m^2 增加至 43.04mJ/m^2，相应地使野外采集的蓝藻颗粒 ΔG_{MW}^{TOT} 从 16.73mJ/m^2 增加至 47.01mJ/m^2，表明 EPS 絮体提取操作显著降低了藻颗粒细胞表面疏水性。更低的 ζ 电位和疏水性能表明颗粒细胞间排斥力之间增大，从而导致颗粒聚集性能的恶化（Li et al.，2012）。所以，EPS 提取操作通过改变藻细胞颗粒表面的电荷和亲/疏水性能降低藻细胞颗粒的聚集性能。

表 5-2　EPS 提取前后蓝藻颗粒接触角、ζ 电位及表面热力学参数变化

参数	室内培养铜绿微囊藻			野外采集微囊藻聚集体		
	初始样品	LB-EPS 提取后	TB-EPS 提取后	初始样品	LB-EPS 提取后	TB-EPS 提取后
水接触角/(°)	25.75 ± 1.71	23.25 ± 1.91	19.88 ± 1.22	33.00 ± 1.04	28.25 ± 1.32	22.25 ± 1.17
1-溴代萘接触角/(°)	33.63 ± 1.64	37.13 ± 0.92	41.38 ± 1.25	39.85 ± 1.58	48.25 ± 2.22	54.25 ± 2.64
甲酰胺接触角/(°)	64.75 ± 3.07	52.25 ± 2.60	32.88 ± 1.46	25.13 ± 1.11	27.75 ± 0.86	31.13 ± 0.95
ζ 电位/mV	−25.75 ± 1.70	−33.75 ± 1.74	−41.26 ± 2.09	−21.15 ± 0.76	−27.46 ± 1.70	−36.29 ± 1.84
γ^+/(mJ/m²)	3.48	0.44	0.69	1.96	2.34	1.77
γ^-/(mJ/m²)	38.32	58.22	60.22	40.96	47.61	68.22
γ_{MW}^{LW}/(mJ/m²)	37.27	35.85	34.01	34.69	30.76	27.86
γ_{MW}^{AB}/(mJ/m²)	23.10	10.12	12.89	17.92	21.11	21.97
ΔG_{MW}^{TOT}/(mJ/m²)	10.41	41.80	43.04	16.73	24.52	47.01
A_{MWM}/(×10⁻²¹ J)	3.83	3.23	2.51	2.77	1.43	0.69

5.3.2　EPS 提取前后颗粒界面能量变化

采用扩展 DLVO 理论定量分析 EPS 絮体提取前后颗粒间界面能量的变化，其结果如图 5-6 所示。DLVO 曲线中主要信息位于 0~2nm 处的斥力势垒以及 3~20nm 范围内的二次势阱。斥力势垒的高低反映体系的稳定性，当粒子的碰撞动能超过势垒时体系中的粒子才会发生絮凝或聚沉现象。因此斥力势垒越高，体系也就越稳定（Liu et al., 2010; Su et al., 2013）。本节中，LB-EPS 提取操作使两种藻颗粒作用能量从 331~436 kT 增至 904~1247 kT，之后 TB-EPS 提取操作使作用能量进一步增至 2034~2074 kT。斥力势垒的升高表明藻颗粒需要有足够的外在能量才能克服该势垒而发生再聚集行为，故其聚集性能逐渐下降（Liu et al., 2010; Su et al., 2013）。

除斥力势垒外，二次势阱也可用于解析颗粒聚集性能的变化过程。二次势阱反映的是颗粒离子的可逆吸附能力，即颗粒细胞絮凝及解絮凝能力。在二次势阱区域所形成的体系，结构是疏松不牢固的，外界稍有变化与扰动时体系平衡就会被打破。因此，二次势阱越深，藻颗粒细胞可逆吸附的能力相对越强，也就越不容易解絮凝。本研究中，野外蓝藻颗粒聚集体的最初二次势阱能量值为−17.14 kT，LB-EPS 提取操作使得二次势阱增至−7.11 kT，而 TB-EPS 提取操作使二次势阱进一步增至−2.86 kT。低的二次势阱表明只需较少的能量即可使 EPS 提取后的藻颗粒达到分散状态，故 EPS 提取操作后的藻颗粒的聚集性能逐渐恶化。

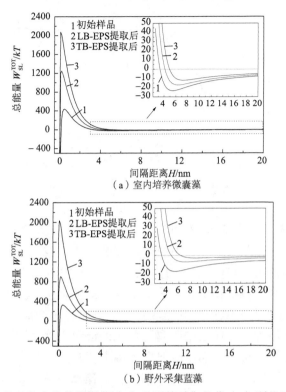

图 5-6　EPS 提取前后室内培养微囊藻（a）及野外采集蓝藻（b）颗粒界面作用能量变化

W_{SL}^{TOT} 表示固液间总能量

5.3.3　机理解析

1）LB-EPS 和 TB-EPS 对水华形成的定量贡献

由于 EPS 的分级提取操作改变了微囊藻颗粒的界面作用能量，故 EPS 的定量作用可通过计算 EPS 提取前后颗粒界面作用能量的变化来获得（Liu et al., 2010）。不同阶段微囊藻颗粒 EPS 絮体的界面能量均呈现负值（图 5-7），表明 EPS 对颗粒聚集和水华形成具有促进作用。进一步研究表明，室内培养微囊藻 EPS 絮体对颗粒聚集作用较小，其次为水华蓝藻颗粒聚集体，最后为初期和成熟期蓝藻水华。例如，当细胞间距为 5nm 时，室内培养微囊藻颗粒 EPS 的吸引能量为 $-21\,kT$，低于野外原位采集的微囊藻聚集体（$-26\,kT$）和初期蓝藻水华（$-35\,kT$），更是低于成熟期蓝藻水华（$-44\,kT$）。

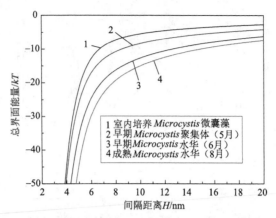

图 5-7　微囊藻颗粒聚集成华不同阶段 EPS 的能量变化

　　虽然上述研究已表明，EPS 对颗粒聚集和水华形成具有促进作用，但是对于不同 EPS 分级组分（LB-EPS 和 TB-EPS）的具体作用能量却未有报道。研究表明，对于室内培养铜绿微囊藻而言，TB-EPS 的促进作用始终大于 LB-EPS（图5-8），而对于野外采集的蓝藻颗粒聚集体，在短距离（<4.5 nm）内主要以 TB-EPS 的作用为主，而在中距离（4.5~20 nm）区间范围内主要以 LB-EPS 的作用为主。此外，对于早期及成熟期蓝藻水华样品，其颗粒间聚集能量主要源自 LB-EPS 的吸引作用。所以，TB-EPS 在蓝藻颗粒聚集过程中发挥着优势作用，而 LB-EPS 则主要是诱导后期蓝藻水华的形成。

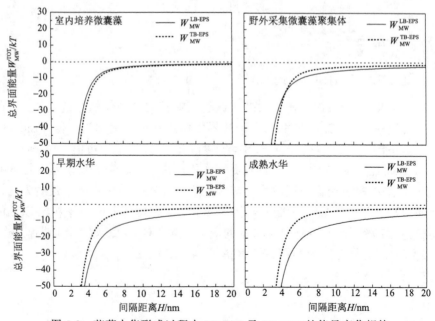

图 5-8　蓝藻水华形成过程中 LB-EPS 及 TB-EPS 的能量变化规律

2）影响 LB-EPS 和 TB-EPS 作用能量差异性的机理

已有研究均表明，微生物细胞聚集及稳定性能与 EPS 的理化性质（如含量、有机组分及官能团等）显著相关（Li and Yang, 2007; Sheng et al., 2010; Yu et al., 2009）。对室内培养及野外采集蓝藻 LB-EPS 和 TB-EPS 均进行 EEM 光谱分析（图 5-9），对于 LB-EPS 和 TB-EPS，其荧光光谱中均包含四个荧光峰。峰 A，B，C，D 的位置分别为 Ex/Em： 230/310~340nm，280/310~340nm，370/450nm 和 280/450nm。所以，不管是室内培养还是野外采集的蓝藻颗粒样品，其 EPS 絮体有机组分基本都含有蛋白类（峰 A 和峰 B）、腐殖类（峰 C）和富里酸类

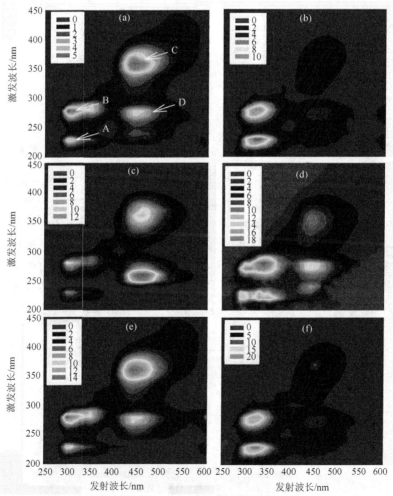

图 5-9　室内及野外采集蓝藻 EPS 絮体的 EEM 图谱

（a）室内培养蓝藻 LB-EPS；（b）室内培养蓝藻 TB-EPS；（c）野外采集蓝藻聚集体 LB-EPS；（d）野外采集蓝藻聚集体 TB-EPS；（e）成熟水华蓝藻 LB-EPS；（f）成熟水华蓝藻 TB-EPS

（峰 D）物质。此外，红外光谱的结果表明（图 5-10），室内培养和野外采集的蓝藻颗粒样品中 LB-EPS 和 TB-EPS 层中均包含有—CH_2—（1380cm^{-1}），—$C{=}O$—（1080cm^{-1}）和—$C{=}O$—/—$C{=}N$—（1650cm^{-1}）等官能团，且官能团间无显著差异。这些结果表明有机组分和官能团可能不是造成 EPS 作用能量差异性的原因。

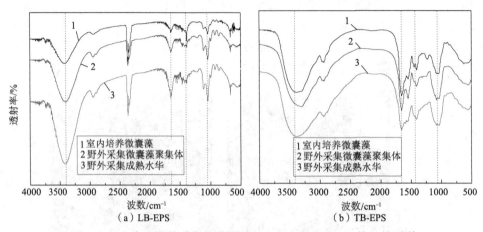

图 5-10　室内及野外采集蓝藻样品 LB-EPS 和 TB-EPS 的红外图谱

除有机组分和官能团外，我们进一步对不同生境条件下蓝藻 EPS 絮体的含量进行分析测定，发现成熟期水华蓝藻样品 EPS 絮体的有机质含量显著高于初期水华蓝藻及室内培养微囊藻颗粒（图 5-11），表明 EPS 含量的升高可能是引起其界面吸引能量的原因。野外采集蓝藻颗粒样品 TB-EPS 的有机质含量是室内培养微囊藻颗粒样品 TB-EPS 含量的 2 倍多，但室内培养及野外采集蓝藻样品 LB-EPS 层中有机质含量差异不显著。同时，与 TB-EPS 相比，LB-EPS 层中有机质含量与颗粒聚集及成华过程显著相关（$p < 0.01$）。基于上述研究结果，

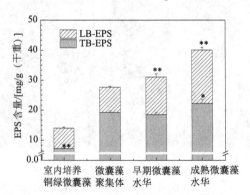

图 5-11　不同微囊藻样品 EPS 絮体有机质含量比较

* 表示–0.05 水平显著相关；** 表示 0.01 水平显著相关

可以认为 TB-EPS 在蓝藻颗粒聚集过程中发挥着优势作用，而 LB-EPS 则主要是诱导后期的水华形成。蓝藻聚集及成华过程中 EPS 絮体作用能量演变示意图如图 5-12 所示。

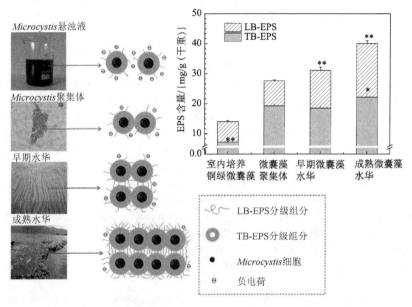

图 5-12　蓝藻水华形成过程中 EPS 作用组分演变示意图

* 表示–0.05 水平显著相关；** 表示 0.01 水平显著相关

参 考 文 献

Bayoudh S, Othmane A, Mora L, et al. 2009. Assessing bacterial adhesion using DLVO and XDLVO theories and the jet impingement technique[J]. Colloid Surface B, 73: 1-9.

Bradford M M. 1976. A rapid and sensitive method for the quantitation of microgram quantities of protein utilizing the principle of protein-dye binding[J]. Analytical Biochemistry, 7: 248-254.

Carey C C, Ibelings B W, Hoffmann E P, et al. 2012. Eco-physiological adaptations that favor freshwater cyanobacteria in a changing climate[J]. Water Research, 46: 1394-1407.

Chen L, Tian Y, Cao C Q, et al. 2012. Interaction energy evaluation of soluble microbial products(SMP)on different membrane surfaces: Role of the reconstructed membrane topology[J]. Water Research, 46: 2693-2704.

Dubois M, Gilles K A, Hamilton J, et al. 1956. Colorimetric method for determination of sugar and relative substances[J]. Analytical Chemistry, 28: 350-366.

Frølund B, Keiding K, Nielsen P. 1995. Enzymatic activity in the activated sludge flocs matrix[J]. Applied Microbiology and Biotechnology, 43: 755-761.

Gan N Q, Xiao Y, Zhu L, et al. 2012. The role of microcystins in maintaining colonies of bloom-forming *Microcystis* spp. [J]. Environmental Microbiology, 14: 730-742.

Hajdu S, Höglander H, Larsson U. 2007. Phytoplankton vertical distributions and composition in Baltic Sea cyanobacterial blooms[J]. Harmful Algae, 6: 189-205.

Liao B Q, Allen D G, Droppo I G, et al. 2001. Surface properties of sludge and their role in bioflocculation and settleability[J]. Water Research, 35: 339-350.

Li H S, Wen Y, Cao A S, et al. 2012. The influence of additives(Ca^{2+}, Al^{3+}, and Fe^{3+})on the interaction energy and loosely bound extracellular polymeric substances(EPS) of activated sludge and their flocculation mechanisms[J]. Bioresource Technology, 114: 188-194.

Liu H, Fang H H P. 2002. Characterization of electrostatic binding sites of extracellular polymers by linear programming analysis of titration data[J]. Biotechnology and Bioengineering, 80: 806-811.

Liu X M, Sheng G P, Luo H W, et al. 2010. Contribution of extracellular polymeric substances(EPS) to the sludge aggregation[J]. Environmental Science and Technology, 44: 4355-4360.

Liu X M, Sheng G P, Wang J, et al. 2008. Quantifying the surface characteristics and flocculability of *Ralstonia eutropha*[J]. Applied Microbiology and Biotechnology, 79: 187-194.

Liu X M, Sheng G P, Yu H Q. 2007. DLVO approach to the flocculability of a photosynthetic H_2-producing bacterium, *Rhodopseudomonas acidophila*[J]. Environmental Science and Technology, 41: 4620-4625.

Liu Y Q, Liu Y, Tay J H. 2004. The effects of extracellular polymeric substances on the formation and stability of biogranules[J]. Applied Microbiology and Biotechnology, 65: 143-148.

Li X Y, Yang S F. 2007. Influence of loosely bound extracellular polymeric substances(EPS) on the flocculation, sedimentation and dewaterability of activated sludge[J]. Water Research, 41: 1022-1030.

Li Z P, Tian Y, Ding Y, et al. 2013. Contribution of extracellular polymeric substances(EPS) and their subfractions to the sludge aggregation in membrane bioreactor coupled with worm reactor[J]. Bioresource Technology, 144: 328-336.

McKnight D M, Boyer E W, Westerhoff P K, et al. 2001. Spectrofluorometric characterization of dissolved organic matter for indication of precursor organic material and aromaticity[J]. Limnology and Oceanography, 46: 38-48.

Michalak A M, Anderson E J, Beletsky D, et al. 2013. Record-setting algal bloom in Lake Erie caused by agricultural and meteorological trends consistent with expected future conditions[J]. Proceedings of the National Academy of Sciences, 110: 6448-6452.

Paerl H W, Paul V J. 2012. Climate change: Links to global expansion of harmful cyanobacteria[J]. Water Research, 46: 1349-1363.

Sheng G P, Yu H Q, Li X Y. 2010. Extracellular polymeric substances(EPS) of microbial aggregates in biological wastewater treatment systems: A review[J]. Biotechnology Advances, 28: 882-894.

Su X Y, Tian Y, Li H, et al. 2013. New insights into membrane fouling based on characterization of cake sludge and bulk sludge: An especial attention to sludge aggregation[J]. Bioresource Technology, 128: 586-592.

Tao M, Xie P, Chen J, et al. 2012. Use of a generalized additive model to investigate key abiotic factors affecting microcystin cellular quotas in heavy bloom areas of Lake Taihu[J]. PLoS One, 7(2): e32020.

van Oss C J. 1995. Hydrophobicity of biosurfaces-origin, quantitative determination and interaction energies[J]. Colloids and Surfaces B: Biointerfaces, 5: 91-110.

Vogelaar J C, De Keizer A, Spijker S, et al. 2005. Bioflocculation of mesophilic and thermophilic activated sludge[J]. Water Research, 39: 37-46.

Wang X D, Qin B Q, Gao G, et al. 2010. Nutrient enrichment and selective predation by zooplankton promote *Microcystis*(Cyanobacteria) bloom formation[J]. Journal of Plankton Research, 32: 457-470.

Wang Y W, Zhao J, Li J H, et al. 2011. Effects of calcium levels on colonial aggregation and buoyancy of

Microcystis aeruginosa[J]. Current Microbiology, 62: 679-683.

Xu H C, Cai H Y, Yu G H, et al. 2013a. Insights into extracellular polymeric substances of cyanobacterium *Microcystis aeruginosa* using fractionation procedure and parallel factor analysis[J]. Water Research, 47: 2005-2014.

Xu H C, He P J, Wang G Z, et al. 2010. Three-dimensional excitation emission matrix fluorescence spectroscopy and gel-permeating chromatography to characterize extracellular polymeric substances in aerobic granulation[J]. Water Science and Technology, 61: 2931-2942.

Xu H C, Jiang H L. 2013. UV-induced photochemical heterogeneity of dissolved and attached organic matter associated with cyanobacterial blooms in a eutrophic freshwater lake[J]. Water Research, 47: 6506-6515.

Xu H C, Jiang H L, Yu G H, et al. 2014. Towards understanding the role of extracellular polymeric substances in cyanobacterial *Microcystis* aggregation and mucilaginous bloom formation[J]. Chemosphere, 117: 815-822.

Xu H C, Yu G H, Jiang H L. 2013b. Investigation on extracellular polymeric substances from mucilaginous cyanobacterial blooms in eutrophic freshwater lakes[J]. Chemosphere, 93: 75-81.

Yang X N, Cui F Y, Guo X C, et al. 2013. Effects of nanosized titanium dioxide on the physicochemical stability of activated sludge flocs using the thermodynamic approach and Kelvin probe force microscopy[J]. Water Research, 47: 3947-3958.

Yang Z, Kong F X. 2012. Formation of large colonies: A defense mechanism of *Microcystis aeruginosa* under continuous grazing pressure by flagellate *Ochromonas* sp. [J]. Journal of Limnology, 71: 61-66.

Yu G H, He P J, Shao L M. 2009. Characteristics of extracellular polymeric substances(EPS) fractions from excess sludges and their effects on bioflocculability[J]. Bioresource Technology, 100: 3193-3198.

Yu G H, Wu M J, Wei G R, et al. 2012. Binding of organic ligands with Al(III) in dissolved organic matter from soil: implications for soil organic carbon storage[J]. Environmental Science and Technology, 46: 6102-6109.

Zhang K, Kojima E. 1998. Effect of light intensity on colony size of microalga *Botryococus braunii* in bubble column photobioreactors[J]. Journal of Fermentation and Bioengineering, 86: 573-576.

Zhang M, Duan H T, Shi X L, et al. 2012. Contributions of meteorology to the phenology of cyanobacterial blooms: Implications for future climate change[J]. Water Research, 46: 442-452.

第 6 章　EPS 与金属污染物的络合过程及特征

水环境重金属污染不仅威胁到生态系统平衡，还会通过生物放大和食物链积累危害人类健康，已成为目前全球关注的热点问题。对于我国湖泊水体，重金属污染依然是其面临的重要环境问题，加强重金属污染综合防治工作已被纳入我国"十三五"规划。

水华蓝藻 EPS 含有大量离子型官能团，极易与重金属离子形成络合物，从而影响金属离子的形态、毒性、生物有效性及环境迁移归趋行为。近年来，众多研究者采用各种分析技术探讨了有机质和重金属离子的结合特性。离子选择电极（ISE）测定法已经被广泛用来研究重金属和有机质的结合特性（Saar and Weber, 1982），该方法通过测试溶液中自由态重金属的化学电位获得自由态重金属浓度及其与有机质的络合稳定常数和络合容量。虽然 ISE 可以计算重金属离子与有机质的络合容量，但是并不能表征有机质和重金属相互作用的细节，例如有机质中的哪种有机组分和/或官能团参与了重金属离子的络合反应。随着新技术的发展，一些光谱学技术，例如紫外–可见吸收光谱和三维荧光光谱（3D-EEM）技术已被成功用来定量化研究有机质与重金属的相互作用（Henderson et al., 2008; Guo et al., 2012）。3D-EEM 是一种操作简单、反应灵敏而且不破坏样品结构的有效分析手段，能够提供反应过程中有机质分子结构和组成特征变化等信息。研究表明，溶解有机质中的荧光组分可被重金属（例如 Cu）猝灭，所以结合荧光光谱和猝灭模型技术，可定量表征溶解有机质中不同有机组分与重金属离子的相互作用特征（Ohno et al., 2008; Yamashita and Jaffe, 2008; Xi et al., 2012; Ishii and Boyer, 2012）。

为更好地解析 DOM 和金属离子的相互作用特征，通常采用条件稳定常数模型和络合容量等参数来表征二者络合性能。该模型假设有机质中的主要结合点位[L]和重金属[M]按照 1∶1 的关系进行络合，因此 DOM 和金属离子的络合反应可以表示如下：

$$M+L=ML \tag{6-1}$$

表观稳定常数就可以定义为

$$K_c=[ML]/[M][L] \tag{6-2}$$

式中，[M]为自由态重金属浓度；[L]为有机质自由结合点位；[ML]为结合态重

金属浓度。如果[L_t]代表总的结合点位浓度，即 DOM 的最大结合容量，则表观稳定常数模型可以描述为

$$K_c=[M_{bound}]/[M_{free}][L_t-M_{bound}] \qquad (6\text{-}3)$$

上述方程可以变形为

$$[M_{bound}]/[M_{free}]=K_c[L_t]-K_cM_{bound} \qquad (6\text{-}4)$$

因此可以拟合出一条线性关系式，斜率为 K_c，截距为 $K_c[L_t]$，这样就可以求出表观稳定常数和最大络合容量。

6.1　EPS 荧光组分与金属离子的络合特征

从太湖梅梁湾湖区采集水华蓝藻样品，蓝藻生物量浓度约为 0.5g/L，采集后的样品尽快运回实验室。样品首先经 0.45μm 滤膜过滤后获得溶解有机质（DOM）样品，对于滤膜表面截留的藻体样品采用优化的离心–热处理方法获得 EPS 絮体样品，包括 LB-EPS 和 TB-EPS 样品。采用荧光猝灭实验比较 DOM 和 EPS 絮体中不同有机组分和重金属 Cu（Ⅱ）的结合特征。首先将 DOM、LB-EPS 和 TB-EPS 溶液调至 DOC 浓度为 10.00mg/L 左右，然后将一定体积的上述溶液（50mL）分别置于棕色玻璃瓶内。采用自动滴定器向玻璃瓶内滴定一定体积的 Cu（NO_3）$_2$ 溶液，使得滴定后溶液中 Cu（Ⅱ）的浓度分别为 0、5mmol/L、10mmol/L、15mmol/L、20mmol/L、30mmol/L、40mmol/L、50mmol/L、75mmol/L 和 100 mmol/L，然后采用 NaOH 或 HCl 控制溶液的 pH 为 6.00±0.05(Ohno et al., 2008; Yamashita and Jaffe, 2008）。所有样品放入 180r/min 的恒温（25℃）振荡箱中避光振荡 24h 以确保结合平衡。

6.1.1　EPS 中有机质和金属离子的分布特征

表 6-1 比较了 DOM 和水华蓝藻 EPS 絮体中有机质和金属离子的浓度。发现采集的 DOM 样品中 DOC 浓度高达 7.66mg/L，而已有研究报道认为太湖湖泊水体 DOC 浓度范围为 0.65~4.68 mg/L，平均含量为 2.19 mg/L(Yao et al., 2011）。需要指出的是，水体样品 DOC 含量受很多因素影响，如藻类生物量、藻类生长阶段及气候条件等。本节中较高的水体 DOC 浓度可能归因于高含量藻类（1.0 g/L）及其分泌和/或裂解释放的有机质。对于水华蓝藻 EPS 絮体，TB-EPS 中 DOC 的含量为 43.55mg/L，而 LB-EPS 层中 DOC 的含量仅为 3.29mg/L，这表明 EPS 絮体的大部分有机质分布在 TB-EPS 层中，仅有少量有机质分布在 LB-EPS 层中。我们之前对室内培养的铜绿微囊藻 EPS 絮体的研究中也发现了

类似的 EPS 有机质分布特征，即大部分有机质分布在 TB-EPS 层中，而少量有机质分布在 LB-EPS 层中（Xu et al., 2013a）。

表 6-1　湖泊水体 DOM 和 EPS 絮体中 DOC 和金属离子含量比较（单位：mg/L）

组分	DOC	K	Mg	Ca	Cu	Zn	Fe	Al
DOM	7.66±0.35	3.30±0.54	2.24±0.36	11.400±0.87	0.014±0.003	0.008±0.002	0.057±0.006	0.005±0.001
LB–EPS	3.29±0.38	1.80±0.07	0.73±0.11	4.11±0.29	0.006±0.002	0.005±0.001	0.032±0.003	0.002±0.000
TB–EPS	43.55±2.25	1.20±0.11	0.55±0.36	2.59±0.33	0.016±0.001	0.017±0.003	0.082±0.003	0.002±0.000

此外，金属离子在 DOM 和 EPS 絮体间也具有不同的含量和分布模式。对于 DOM 和水华蓝藻 EPS 絮体，K、Mg 和 Ca 离子的含量远高于 Cu、Zn、Al 和 Fe 离子的含量。至于分布模式，大部分宏量元素（K、Mg 和 Ca）分布在 DOM 中，其次是 LB-EPS 和 TB-EPS 中；而微量元素（Cu、Zn 和 Fe）主要分布在 TB-EPS 层中，其次为 DOM 和 LB-EPS 层中。需要指出的是，微观元素离子在 DOM 和 EPS 絮体中的分布特征与 DOC 的分布特征一致，表明这些微观金属与有机质在 DOM 和 EPS 絮体中具有共存特征。

6.1.2　基于 EEM-PARAFAC 解析的水华蓝藻 EPS 组分分析

荧光 EEM 图谱显示 DOM 样品中含有 6 个荧光峰，而 LB-EPS 和 TB-EPS 絮体中仅含有 2 个荧光峰（图 6-1）。峰 A，B，C，D，E 和 F 的 Ex/Em 分别位于 220/300nm、270/300nm、320/370nm、350/440nm、220/440nm 和 270/440nm。这些 EEM 图谱的差异性表明水华蓝藻 EPS 絮体主要含有类蛋白物质（峰 A 和峰 B），而 DOM 样品不仅含有类蛋白物质而且含有大量的腐殖类物质（峰 C，D，E 和 F）（Chen et al., 2003），这与已有的研究结果一致（Li et al., 2012; Xu et al., 2013a）。已有研究发现在铜绿微囊藻不同生长阶段均能在结合态 EPS 层中检测到大量蛋白类物质。此外，在一些湖泊 DOM 样品和蓝藻细胞溶解相 EPS（相当于本研究中 DOM 和部分 LB-EPS 的总和）中也检测到腐殖质物质荧光峰的存在（Yao et al., 2011; Zhang et al., 2011; Qu et al., 2012）。

然而，需要指出的是，虽然 EEM 图谱可有效地比较 DOM 和 EPS 絮体中有机组分的差异性，但是由于本研究中样品数据量多（114 个样品），且原始 EEM 图谱中存在严重的峰重叠问题（如峰 E 和 F，峰 C 和 D），使传统的目视寻峰法工作量巨大，且容易产生错误的分析结果。

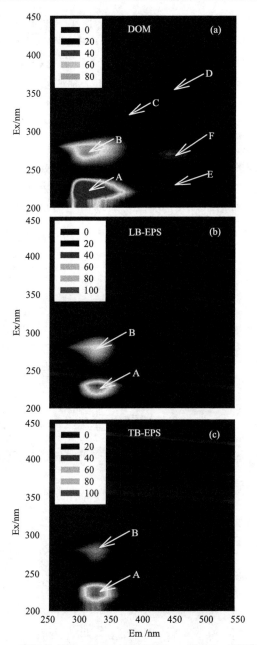

图 6-1　湖泊水体 DOM 和水华蓝藻 EPS 的 EEM 图谱比较

　　为提高光谱分辨率并获得更加准确的荧光组分信息，采用 PARAFAC 模型对初始 EEM 图谱进行降维解析。残差分析结果表明，从 3 组分模型到 4 组分模型其拟合明显改善，但从 4 组分模型到 5 组分模型时模型拟合度改善程度较小，表明4组分可能是合适的模型组分[图6-2（a）]。折半分析结果进一步证明4组分是合适的模型组分[图6-2（b）]。图6-3列出了PARAFAC模型解析后获得的4个组分图谱及Ex/Em载荷图。1组分包含有两个峰，其Ex/Em分别为230/330 nm和280/330nm，该峰属于色氨酸类物质，广泛分布于湖泊DOM和藻类溶液中（Yao et al., 2011; McIntyre and Gueguen, 2013）。2组分和3组分具有相同的Em波长（300nm），但是具有不同的Ex波长。具体而言，2组分的Ex位于230nm和270nm处，而3组分的Ex位于200nm和270nm处。2组分和3组分均为酪氨酸类组分，在以前研究中多被描述为一个组分（Yao et al., 2011; Xu et al., 2013b）。4组分包含一个主峰（Ex/Em：320/370nm）和次峰（Ex/Em：220/370nm），该组分可归类为腐殖类组分。该峰在其他自然水体中也有报道，但是与本研究相比其峰位置在Em方向略有蓝移（Yamashita and Jaffe, 2008）。

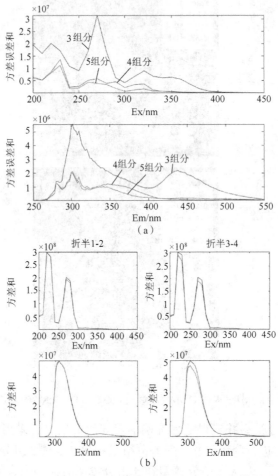

图6-2　PARAFAC模型的残差分析（a）及折半分析（b）

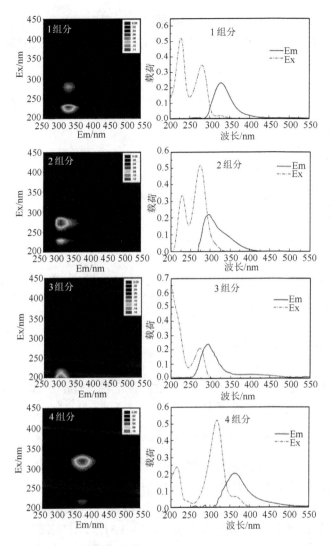

图 6-3　PARAFAC 模型解析得到的四个组分图谱及 Ex/Em 载荷图

6.1.3　金属滴定过程中荧光组分变化特征

图 6-4 为金属离子滴定过程中四个 PARAFAC 组分的荧光强度变化特征。由图可知，在 DOM 样品中，3 组分的荧光强度最高，而在 LB-EPS 和 TB-EPS 层中，1 组分的荧光强度最高。PARAFAC 荧光组分强度的分析结果表明，不管是在 DOM 还是 EPS 絮体中，蛋白类物质的含量均高于腐殖类物质含量。此外，对于 DOM 样品，酪氨酸类物质是主要的蛋白质类物质种类，而对于 EPS 絮体而言，色氨酸类物质则是主要的蛋白类物质种类。已有研究同样表明，虽然在

污泥、绿藻及铜绿微囊藻 EPS 絮体中同样检测到腐殖类物质（Yu et al., 2010; McIntyre and Gueguen, 2013; Xu et al., 2013c），但是色氨酸和酪氨酸类物质仍然是其主要有机组分。

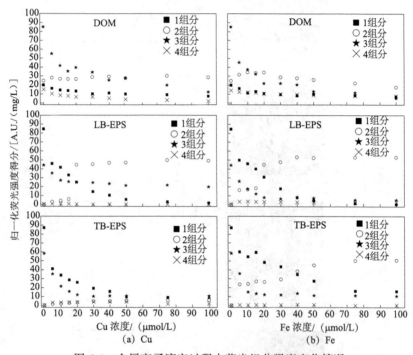

图 6-4　金属离子滴定过程中荧光组分强度变化情况

在金属离子（Cu、Fe）滴定过程中，DOM 和 EPS 絮体中各荧光组分强度表现出不同的变化趋势。具体而言，金属离子滴定使 DOM 样品中 1、3 和 4 组分以及 EPS 絮体中 1 和 3 组分的荧光强度猝灭，而 DOM 和 EPS 絮体中 2 组分的荧光强度随金属离子添加略微增强，表明 PARAFAC 各组分与金属离子具有不同的结合机理。已有研究也发现金属离子添加引起有机质中荧光猝灭和荧光增强现象，金属离子和有机组分间的动态碰撞及金属–有机络合物的形成是荧光猝灭的主要原因，而荧光增强则归因于金属离子浓度引起的酪氨酸类物质分子环境的变化（Ohno et al., 2008; Zhang et al., 2010）。

需要指出的是，虽然 Cu（Ⅱ）和 Fe（Ⅲ）对 DOM 和 EPS 絮体有机组分均具有猝灭效果，但猝灭程度具有显著的差异性。例如，在 100μmol/L 的 Fe（Ⅲ）存在下，LB-EPS 层中的 3 组分的猝灭效率达到 88%，但在相同 Cu（Ⅱ）浓度下其猝灭效率仅约 55%。此外，对于 TB-EPS 层中的 1 组分，40μmol/L 的 Cu（Ⅱ）滴定就可以产生明显的猝灭效率（82%），而相同的猝灭程度则需要超过 100μmol/L 的 Fe（Ⅲ）才能达到。这些结果表明，DOM 和 EPS 絮体的金属离子络合性能与其所含有机组成以及金属离子种类和浓度显著相关。

6.1.4 金属离子与 EPS 络合的条件稳定常数

采用改进的 Stern-Volmer 方程来计算金属离子与 PARAFAC 组分的条件稳定常数（表 6-2）。由表可知，荧光蛋白类和腐殖类组分的 $\log_{10}K_M$ 值分别为 4.88~5.41 和 4.84~5.10。这与其他研究者采用荧光猝灭方法获得的 $\log_{10}K_M$ 值相当，但低于离子选择电极（ISE）和阴极溶出伏安法（CSV）技术获得的结果（图 6-5）。如通过荧光猝灭技术发现沼泽地 DOM（DOC：9.6~10mg/L）中腐殖类物质与 Cu（Ⅱ）的 $\log_{10}K_M$ 值为 4.48~6.32，与 Hg(Ⅱ)的 $\log_{10}K_M$ 值为 3.92~6.76（Yamashita and Jaffe, 2008）。还有研究发现藻类 DOM（DOC：2.3mg/L）中蛋白类物质与 Cu（Ⅱ）的 $\log_{10}K_M$ 值为 5.29±0.43（McIntyre and Gueguen, 2013）。然而，采用 ISE 技术发现山脉溪流中 DOM（DOC：5mg/L）与金属离子的 $\log_{10}K_M$ 值高达 6.0~8.8。造成这些研究结果差异的原因很多，主要包括金属离子种类、有机质结构、浓度及所采用的分析方法的不同（Haitzer et al., 2002; McIntyre and Gueguen, 2013）。

表 6-2 PARAFAC 组分与 Cu（Ⅱ）和 Fe（Ⅲ）的络合稳定常数（$\log_{10}K_M$）

EPS 成分	Cu（Ⅱ）						Fe（Ⅲ）					
	1 组分		3 组分		4 组分		1 组分		3 组分		4 组分	
	$\log_{10}K_M$ (R^2)	f	$\log_{10}K_M$ (R^2)	f	$\log_{10}K_M$ (R^2)	f	$\log_{10}K_M$ (R^2)	f	$\log_{10}K_M$ (R^2)	f	$\log_{10}K_M$ (R^2)	f
NOM	4.94 (0.966)	0.60	5.21 (0.938)	0.79	5.10 (0.953)	0.80	4.88 (0.901)	0.73	5.30 (0.935)	0.89	4.84 (0.872)	0.43
LB-EPS	5.18 (0.892)	0.97	5.02 (0.933)	0.63	—		5.08 (0.855)	0.97	5.16 (0.970)	0.98	—	
TB-EPS	5.41 (0.924)	0.89	5.16 (0.942)	0.97	—		5.15 (0.679)	0.67	5.20 (0.833)	0.96	—	

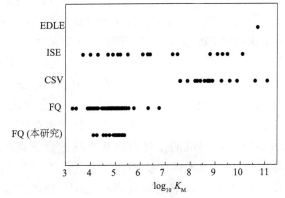

图 6-5 几种方法获得的条件稳定常数比较

进一步分析表明，DOM 与蓝藻 EPS 絮体各 PARAFAC 组分间的条件稳定常数也存在明显差异。对于 1 组分，DOM 样品的 $\log_{10} K_M$ 值（<4.94）显著低于蓝藻 EPS 絮体（> 5.08）；而对于 3 组分，DOM 样品的 $\log_{10} K_M$ 值（>5.21）却明显高于蓝藻 EPS 絮体（<5.20）。这些结果表明，DOM 中的荧光酪氨酸和腐殖质类物质表现出较强的结合能力，而蓝藻 EPS 絮体中的色氨酸类物质则具有较强的金属离子络合能力。腐殖类物质是天然水体环境中 DOM 的主要组成物质，也是重金属离子的重要螯合剂（Ohno et al., 2008; Yamashita and Jaffe, 2008; Baken et al., 2011）。由于其较高的 $\log_{10} K_M$ 值，DOM 样品高含量的腐殖类物质可以通过扩散限制和/或化学反应来延缓或防止环境中毒性污染物入侵藻细胞颗粒。此外，我们的前期研究工作揭示了 EPS 絮体中色氨酸类物质对铜绿微囊藻生长和增殖的重要作用（Xu et al., 2013a），而本研究中我们进一步发现 EPS 絮体中色氨酸类物质的高金属结合能力。所以，蓝藻 EPS 絮体有机质尤其是色氨酸类物质具有重要的生态环境作用，它可以保护蓝藻颗粒细胞免受重金属离子危害，减缓金属离子生物毒性，从而促进藻细胞的新陈代谢。

此外，金属离子的络合特征除受 PARAFAC 组分影响外，还与金属离子种类显著相关（表 6-2）。无论是 DOM 样品还是蓝藻 EPS 絮体样品，1 组分和 4 组分与 Cu（Ⅱ）的 $\log_{10} K_M$ 值均高于与 Fe（Ⅲ）的 $\log_{10} K_M$ 值，表明 DOM 和 EPS 絮体中色氨酸类和腐殖类物质与 Cu（Ⅱ）的结合性能比 Fe（Ⅲ）强。所以，当含 Cu（Ⅱ）的废水排放到富藻湖泊水体后，由于 DOM 和 EPS 絮体较高的 Cu（Ⅱ）络合性能，Cu（Ⅱ）生物毒性应比预期生物毒性低。此外，DOM 和 EPS 絮体中酪氨酸类 3 组分与 Fe（Ⅲ）的络合常数均高于与 Cu（Ⅱ）的络合常数。这些结果表明，在富含藻类的太湖水体中，荧光色氨酸类和腐殖质类物质显著影响着 Cu 的生物有效性，而 Fe 的生物有效性则依赖于 DOM 和 EPS 絮体中的酪氨酸类物质。

基于蓝藻 EPS 絮体的分级提取操作，我们进一步发现 EPS 絮体中 1 组分和 3 组分与金属离子的络合常数（$\log_{10} K_M$ 值）按 TB-EPS>LB-EPS 的顺序降低。与 LB-EPS 絮体层相比，TB-EPS 絮体层含有较高的 DOC 浓度，故金属离子/DOC 的比值较低。低比值的金属离子/DOC 是导致 TB-EPS 层中较强金属离子络合性能的原因（Haitzer et al., 2002）。以前学者在探讨颗粒污泥 EPS 与金属离子 Zn^{2+} 和 Co^{2+} 的相互作用时发现，EPS 絮体中 LB-EPS 层的结合常数显著高于 TB-EPS 络合常数（Sun et al., 2009）。这些研究结果的差异性可归因于藻类细胞和好氧颗粒污泥细胞 EPS 絮体结构组成的差异性以及不同的金属离子种类。

最后，由于富营养化湖泊水体中影响金属离子络合特征的不仅包括 DOM 样品，还包括蓝藻 EPS 絮体。以前的研究多是关注金属-DOM 相互作用，本节首次探讨了水华蓝藻 EPS 絮体与金属离子的结合特征及其与 DOM 结合特性的差异性。我们的研究结果表明除 DOM 样品外，水华蓝藻 EPS 絮体同样具有较强的金属离子络合性能，水华蓝藻 EPS 絮体对重金属离子解毒具有重要生态作用。这些研究结果有助于我们理解 EPS 在保护藻细胞免受有害物质毒性的作用，以及金属离子在富营养化湖泊及其他相关水生环境中的生物地球化学行为。

6.2　EPS 非荧光组分对重金属络合的重要性

6.2.1　EPS 中荧光和非荧光组分分析

虽然 EEM-PARAFAC 光谱方法是 EPS 组分分析的有效手段，但是它不能获得 EPS 絮体中的非荧光物质信息。红外光谱（FTIR）是一种有效的光谱分析手段，可同时表征 EPS 絮体中的荧光和非荧光物质信息。图 6-6 为 DOM 和水华蓝藻 EPS 絮体的典型同步荧光（SF）和 FTIR 光谱。DOM 样品的 SF 包含两个主峰（230nm，280nm）和一个肩峰（300~390nm），而水华蓝藻 EPS 絮体仅含有两个明显的主峰[图 6-6（a）]。同步荧光光谱中位于 230nm 和 280nm 处的峰分别为酪氨酸和色氨酸类物质，而光谱范围在 300~390nm 的峰则为腐殖类物质。SF 结果表明，水华蓝藻 EPS 絮体中主要含有荧光蛋白类物质，而 DOM 样品则同时含有蛋白类和腐殖类物质。我们前期在室内培养铜绿微囊藻 EPS 絮体各分层中均检测到蛋白类物质，但仅在可溶性 EPS 层中检测到腐殖类物质（Xu et al., 2013a）。其他学者的研究结果同样表明，蛋白类组分是结合态 EPS 的主要有机组分，而溶解态 EPS 则同时含有蛋白类和腐殖类组分（Qu et al., 2012）。这些研究结果的一致性表明蓝藻 EPS 絮体中有机质的分布模式不以藻类细胞特定形式的改变而改变。

FTIR 的结果表明，DOM 和水华蓝藻 EPS 絮体在 3400cm^{-1}、1650cm^{-1}、1380cm^{-1} 和 1100cm^{-1} 处均存在明显的吸收峰[图 6-6（b）]。FRIR 光谱中 1650cm^{-1} 处的谱带归因于蛋白质化合物中酰胺 I 的 CO 伸缩，1380cm^{-1} 处为脂肪族基团 CH 的谱带，3400cm^{-1} 和 1100cm^{-1} 处的谱带与碳水化合物中 OH 和 CO 的伸缩振动有关。所以，SF 和 FTIR 的结果表明湖泊水体 DOM 和水华蓝藻 EPS 絮体中不仅含有荧光类物质（230nm、280nm、300~390nm 和 1650cm^{-1}），同时还含有大量非荧光类物质（3400cm^{-1}、1380cm^{-1} 和 1100cm^{-1}）（Yu et al., 2012; Xu et al., 2013d）。

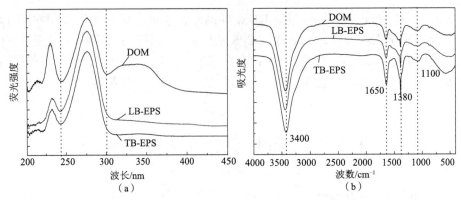

图 6-6　DOM 和 EPS 絮体的同步荧光（a）及红外（b）图谱

6.2.2　荧光组分的金属离子滴定特征

1）一维同步荧光光谱

同步荧光光谱结果显示，随着金属离子浓度的增加，荧光光谱强度逐渐减弱（图 6-7），表明 DOM 和 EPS 絮体中有机组分与金属离子发生明显的络合作用（Plaza et al., 2006; Hur and Lee, 2011a）。进一步分析表明，DOM 和 EPS 絮体的光谱强度变化行为具有明显的差异性。在整个光谱区域（200~450nm），DOM

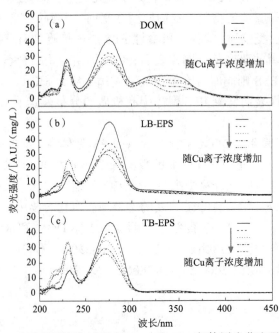

图 6-7　金属离子滴定过程中 DOM 和 EPS 絮体同步荧光强度变化

样品中所有荧光峰强度均逐渐下降，而水华蓝藻 EPS 絮体则同时具有荧光猝灭
（280nm）和增强（230nm）现象。有机配体与金属离子形成络合物或与金属离
子的碰撞会导致荧光猝灭现象发生，而荧光强度增强则归因于高浓度 Cu（Ⅱ）
引起的 EPS 絮体中酪氨酸类物质量子产率的变化（Pan et al., 2010; Zhang et al.,
2010）。

　　实验还发现，金属离子引起的猝灭速率和程度与有机配体种类显著相关。
对于 DOM 样品，随着金属离子浓度的增加，250~300nm 处光谱强度急剧下降，
而 300~370nm 处光谱强度则缓慢下降；而 LB-EPS 和 TB-EPS 层在 250~300nm
处的荧光猝灭程度显著高于 DOM 样品，表明 DOM 和 EPS 絮体中的金属结合
功能位点分布具有不均匀性，且水华蓝藻 EPS 絮体中蛋白类物质与金属离子的
络合性能显著高于 DOM 样品（Hur and Lee, 2011b）。

　　2）二维同步荧光光谱

　　虽然 SF 可分析不同有机组分的荧光猝灭程度和速率，但却无法获得不同有
机组分与金属离子结合的动力学特征。将 SF 进行傅里叶变换获得二维同步荧光
相关光谱，可阐明 DOM 和 EPS 絮体不同有机组分与金属离子结合的时序性
（图 6-8）。对于 DOM 和 EPS 絮体，同步相关光谱表明沿对角线处存在
230/230nm 和 280/280nm 两个自相关峰。同步相关光谱是关于对角线对称的图
谱，相关峰包括对角线上的自动峰和非对角线上的交叉峰，相关峰表示两个不
同谱频的敏感程度，而交叉尖峰则表示这两个变量的同向性或异向性（Noda and
Ozaki, 2004; Yu et al., 2012; Xu et al., 2013d）。本书中自相关峰的强度顺序：DOM
样品为 230nm>280nm，而 EPS 絮体为 280nm>230nm，表明 DOM 样品中酪氨
酸类物质对金属离子的敏感性强于色氨酸类物质，而水华蓝藻 EPS 絮体中色氨
酸类物质则表现出比酪氨酸类物质更强的金属敏感性（Noda and Ozaki , 2004;
Hur and Lee, 2011b）。

　　除自相关峰外，DOM 样品在 280/230nm 存在一处正交叉峰，而 EPS 絮体
在该交叉峰为负值，表明 DOM 样品中酪氨酸和色氨酸类物质与金属离子的结
合具有同向性特征，而 EPS 絮体中这两个有机组分与金属离子的结合具有异向
性特征。这与 SF 的研究结果一致（图 6-7），即金属离子滴定过程中 DOM 样
品为单调猝灭特征，而水华蓝藻 EPS 絮体则同时出现荧光猝灭和荧光增强现象。

　　异步相关光谱表征的是随着金属离子浓度增加光谱强度变化的时序性。如
图 6-8 所示，DOM 样品的异步相关光谱含有一个交叉峰，而 EPS 絮体（包括
LB-EPS 和 TB-EPS）则含有三个交叉峰。根据 Noda 规则，这些有机组分与金
属离子的结合次序如下：DOM 样品为 230nm > 275nm，LB-EPS 样品为 265nm>
280nm> 225nm> 230nm，TB-EPS 样品为 270nm > 280nm > 230nm> 232nm。异

步相关光谱结果表明，对于 DOM 样品，金属离子优先与短波长（约 230nm）区间有机组分结合，而后与长波长区间（＞275nm）有机组分结合；而对于水华蓝藻 EPS 絮体，金属离子则优先与长波长区间有机组分结合。所以，DOM 样品中优先与金属离子络合的有机配体是酪氨酸类，而蓝藻 EPS 絮体中优先与金属离子络合的有机配体则是色氨酸类物质。另外，异步相关光谱的结果还表明 SF 图谱中 230nm 的波长与 232nm 的波长发生了重叠，且 280nm 的波长也与 270nm 和 275nm 的波长重叠。所以，与一维 SF 相比，2D-COS 可以显著提高光谱分辨率并解析出更为详细的有机配体与金属离子的络合信息。

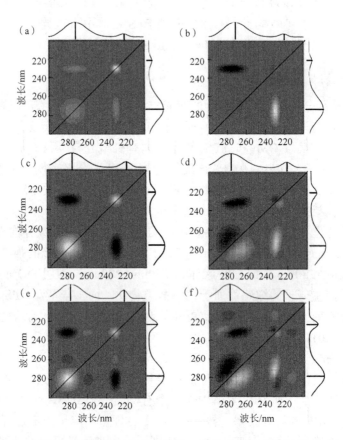

图 6-8　DOM 和 EPS 絮体的二维荧光相关光谱图谱

（a）DOM 样品同步光谱；（b）DOM 样品异步光谱；（c）LB-EPS 样品同步光谱；（d）LB-EPS 样品异步光谱；（e）TB-EPS 样品同步光谱；（f）TB-EPS 样品异步光谱。浅色代表正相关，深色代表负相关；更高的颜色强度表示更强的正相关或负相关

6.2.3　非荧光物质与金属离子的络合

如前所述，FTIR 可同步表征有机配体中荧光和非荧光物质的信息（Hussain et al., 2010; Landry and Tremblay, 2012）。图 6-9 为金属离子滴定过程中一维 FTIR 图谱的变化趋势。虽然在 3400cm^{-1}、1650cm^{-1}、1380cm^{-1} 和 1100cm^{-1} 处均观察到明显的吸收峰，但不同金属离子浓度下这些一维 FTIR 峰之间出现明显的峰重叠现象，这些重叠峰的出现阻碍了对上述官能团的进一步解析。

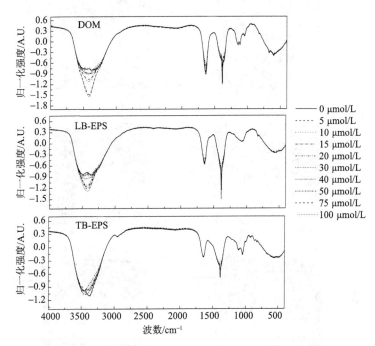

图 6-9　金属离子滴定过程中一维 FTIR 图谱变化情况

基于此，采用 2D-COS 技术解析上述一维 FTIR 图谱从而获得二维 FTIR 相关光谱。二维 FTIR 相关光谱可从分子层面同步分析 DOM 和 EPS 絮体中荧光和非荧光物质与金属离子的络合信息（图 6-10）。由于 FTIR 光谱中 1700~1300cm^{-1} 处是酰胺、羧酸、酯和碳水化合物官能团的主要区域，故重点关注该区间有机官能团的变化。DOM 和水华蓝藻 EPS 絮体的同步相关光谱均包含两个自相关峰，其位置分别位于 1380/1380cm^{-1} 和 1650/1650cm^{-1} 处，且前者的光谱强度高于后者。结合 4000~400cm^{-1} 区域的同步荧光图谱（图 6-11）发现，3400cm^{-1} 处的峰对 Cu（Ⅱ）的络合更敏感，其次为 1380cm^{-1} 处峰和 1650cm^{-1} 处峰，该结果表明非荧光物质（3400cm^{-1}，1380cm^{-1}）在金属离子络合过程中具有重要贡献。而异步相关光谱则表明，金属离子与有机配体的络合顺序如下：对于 DOM 和

LB-EPS 样品, 蛋白类酰胺 I (1650cm^{-1}) >木质素和脂肪族 CH (1380cm^{-1}) ; 对于 TB-EPS 絮体, 蛋白类酰胺 I (1650cm^{-1}) >木质素和脂肪族 CH(1380cm^{-1}) > 纤维素 CH$_2$ (1420cm^{-1}) 。因此在富营养化湖泊中, 不管是 DOM、LB-EPS 还是 TB-EPS 组分, 重金属离子 Cu (II) 优先与荧光蛋白类组分络合, 其次与非荧光脂类和碳水化合物类物质络合。

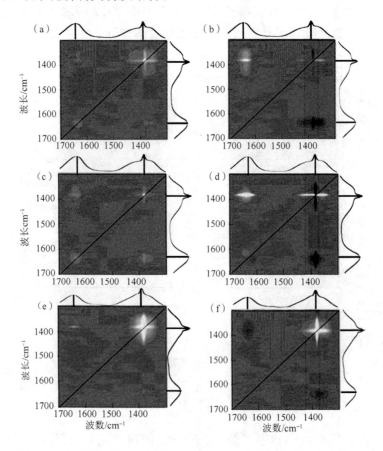

图 6-10　Cu (II) 滴定过程中 DOM 和 EPS 絮体的二维红外相关光谱

（a）DOM 样品同步光谱；（b）DOM 样品异步光谱；（c）LB-EPS 样品同步光谱；（d）LB-EPS 样品异步光谱；（e）TB-EPS 样品同步光谱；（f）TB-EPS 样品异步光谱。浅色代表正相关, 深色代表负相关; 更高的颜色强度表示更强的正相关或负相关

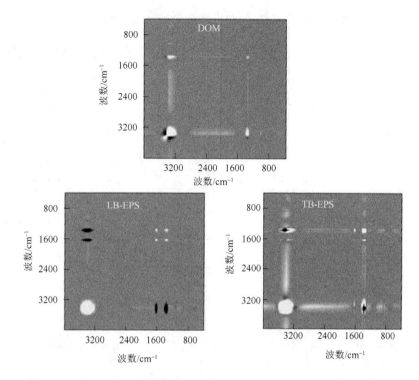

图 6-11　DOM 和 EPS 絮体的二维同步红外（4000~400cm^{-1}）相关光谱

6.2.4　EPS 中荧光及非荧光物质的重金属络合性能比较

表 6-3 为 DOM 和 EPS 絮体各有机组分与金属离子的条件稳定常数（$\log_{10} K_M$），这里选取的波长和波数主要是基于二维异步相关光谱的波长和波数的数值。对于二维同步荧光相关光谱衍生荧光峰而言，DOM 与 EPS 絮体中有机组分的稳定常数具有明显差异。具体而言，DOM 中色氨酸类物质的 $\log_{10} K_M$ 值（4.51±0.06）低于 LB-EPS 和 TB-EPS 层的 $\log_{10} K_M$ 值（>4.66±0.05）。该结果表明，与 DOM 样品相比，水华蓝藻 EPS 絮体中的色氨酸类物质具有更强的金属离子络合性能。

对于二维 FTIR 相关光谱衍生吸收峰而言，不管是 DOM、LB-EPS 还是 TB-EPS 样品，1650cm^{-1} 处峰的 $\log_{10} K_M$ 值均大于 1100cm^{-1}、1380cm^{-1} 和 1420cm^{-1} 处峰的 $\log_{10} K_M$ 值，表明荧光蛋白类物质与重金属离子的络合性能比非荧光脂类和碳水化合物的络合性能强。需要指出的是，通过 Stern-Volmer 模型计算的 $\log_{10} K_M$ 值的大小顺序与二维异步相关光谱结果一致，表明 2D-COS 用于表征金属离子与有机配体的络合时序性是可行的。进一步分析表明不管是对于荧光蛋白类还是非荧光脂类和碳水化合物，水华蓝藻 EPS 絮体均比 DOM 样品具有更高的 $\log_{10} K_M$ 值。因此，与湖泊水体 DOM 相比，水华蓝藻 EPS 絮体在影响水环境重金属离子迁移转化和生物有效性方面发挥着更为重要的作用。

表 6-3 基于 Stern-Volmer 模型解析的 DOM 和 EPS 絮体中荧光和非荧光组分的络合常数

样品	波长/nm	$\log_{10} K_M$	R^2	样品	波数/cm^{-1}	$\log_{10} K_M$	R^2
DOM	230	4.69±0.04	>0.87	DOM	1100	3.57±0.04	>0.93
	275	4.51±0.06	>0.72		1380	4.27±0.05	>0.88
					1650	4.62±0.08	>0.71
LB-EPS	230	未模拟		LB-EPS	1100	4.35±0.03	>0.92
	265	4.94±0.07	>0.51		1380	4.59±0.08	>0.71
	280	4.66±0.05	>0.84		1650	4.79±0.04	>0.86
TB-EPS	230	未模拟		TB-EPS	1100	4.74±0.05	>0.80
	233	未模拟			1380	4.92±0.03	>0.86
	270	5.03±0.04	>0.88		1420	4.26±0.10	>0.62
	280	4.74±0.03	>0.95		1650	4.96±0.07	>0.76

参 考 文 献

Andrade S, Pulido M J, Correa J A. 2010. The effect of organic ligands exuded by intertidal seaweeds on copper complexation[J]. Chemosphere, 78: 397-401.

Baken S, Degryse F, Verheyen L, et al. 2011. Metal complexation properties of freshwater dissolved organic matter are explained by its aromaticity and by anthropogenic ligands[J]. Environmental Science and Technology, 45: 2584-2590.

Brooks M L, McKnight D M, Clements W H. 2007. Photochemical control of copper complexation by dissolved organic matter in Rocky Mountain streams, Colorado[J]. Limnology and Oceanography, 52: 766-779.

Cabaniss S E. 1992. Synchronous fluorescence spectra of metalfulvic acid complexes[J]. Environmental Science and Technology, 26: 1133-1139.

Chai X L, Liu G X, Zhao X, et al. 2012. Complexion between mercury and humic substances from different landfill stabilization processes and its implication for the environment[J]. Journal of Hazardous Materials, 209-210: 59-66.

Chen W, Westerhoff P, Leenheer J A, et al. 2003. Fluorescence excitation-emission matrix regional integration to quantify spectra for dissolved organic matter[J]. Environmental Science and Technology, 37: 5701-5710.

Ghatak H, Mukhopadhyay S K, Jana T K, et al. 2004. Interactions of Cu(II) and Fe(III) with mangal humic substances studied by synchronous fluorescence spectroscopy and potentiometric titration[J]. Wetlands Ecology and Management, 12: 145-155.

Guo X J, Yuan D H, Li Q, et al. 2012. Spectroscopic techniques for quantitative characterization of Cu(II) and Hg(II) complexation by dissolved organic matter from lake sediment in arid and semi-arid region. [J]. Ecotoxicology and Environmental Safety, 85: 144-150.

Haitzer M, Aiken G R, Ryan J N. 2002. Binding of mercury(II) to dissolved organic matter: The role of the mercury-to-DOM concentration ratio[J]. Environmental Science and Technology, 36: 3564-3570.

Hays M D, Ryan D K, Pennell S. 2004. A modified multisite Stern-Volmer equation for the determination of conditional stability constants and ligand concentrations of soil fulvic acid with metal ions[J]. Analytical Chemistry, 76: 848-854.

Henderson R K, Baker A, Parsons S A, et al. 2008. Characterisation of algogenic organic matter extracted from cyanobacteria, green algae and diatoms[J]. Water Research, 42: 3435-3445.

Hernández D, Plaza C, Senesi N, et al. 2006. Detection of copper(Ⅱ) and zinc (Ⅱ)binding to humic acids from pig slurry and amended soils by fluorescence spectroscopy[J]. Environmental Pollution, 143: 212-220.

Hur J, Lee B M. 2011a. Characterization of binding site heterogeneity for copper within dissolved organic matter fractions using two-dimensional correlation fluorescence spectroscopy[J]. Chemosphere, 83: 1603-1611.

Hur J, Lee B M. 2011b. Comparing the heterogeneity of copper-binding characteristics for two different-sized soil humic acid fractions using fluorescence quenching combined with 2D-COS[J]. Scientific World Journal, 11: 1865-1876.

Hussain A N A, Elizabeth C M, Patrick G H. 2010. Using two-dimensional correlations of ^{13}C NMR and FTIR to investigate changes in the chemical composition of dissolved organic matter along an estuarine transect[J]. Environmental Science and Technology, 44: 8044-8049.

Ishii S K L, Boyer T H. 2012. Behavior of reoccurring PARAFAC components in fluorescent dissolved organic matter in natural and engineered systems: a critical review[J]. Environmental Science and Technology, 46: 2006-2017.

Klock J H, Wieland A, Seifert R, et al. 2007. Extracellular polymeric substances(EPS) from cyanobacterial mats: characterisation and isolation method optimization[J]. Marine Biology, 152: 1077-1085.

Landry C, Tremblay L. 2012. Compositional differences between size classes of dissolved organic matter from freshwater and seawater revealed by an HPLC-FTIR system[J]. Environmental Science and Technology, 46: 1700-1707.

Lee B M, Shin H S, Hur J. 2013. Comparison of the characteristics of extracellular polymeric substances for two different extraction methods and sludge formation conditions[J]. Chemosphere, 90: 237-244.

Leenheer J A, Croue J P. 2003. Characterizing aquatic dissolved organic matter[J]. Environmental Science and Technology, 37: 18-26.

Li H B, Xing P, Chen M J, et al. 2011. Short-term bacterial community composition dynamics in response to accumulation and breakdown of Microcystis blooms[J]. Water Research, 45: 1702-1710.

Li L, Gao N Y, Deng Y, et al. 2012. Characterization of intracellular and extracellular algae organic matters(AOM) of Microcystic aeruginosa and formation of AOM-associated disinfection byproducts and odor and taste compounds[J]. Water Research, 46: 1233-1240.

Li X M, Shen Q R, Zhang D Q, et al. 2013. Functional groups determine biochar properties(pH and EC) as studied by two-dimensional ^{13}C NMR correlation spectroscopy[J]. PLoS One, 8: e65949.

Liu L Z, Qin B Q, Zhang Y L, et al. 2014. Extraction and characterization of bound extracellular polymeric substances from cultured pure cyanobacterium(Microcystis wesenbergii)[J]. Journal of Environmental Sciences, 26: 1725-1732.

Lombardi A T, Hidalgo T M R, Vierira A A H. 2005. Copper complexing properties of dissolved organic materials exuded by the freshwater microalgae Scenedesmus acuminatus(Chlorophyceae)[J]. Chemosphere, 60: 453-459.

McIntyre A M, Gueguen C. 2013. Binding interactions of algal-derived dissolved organic matter with metal ions[J]. Chemosphere, 90(2): 620-626.

Noda I, Ozaki Y. 2004. Two-dimensional Correlation Spectroscopy: Applications in Vibrational and Optical Spectroscopy[M]. London: John Wiley and Sons Inc.

Ohno T, Amirbahman A, Bro R. 2008. Parallel factor analysis of excitation-emission matrix fluorescence spectra of water soluble soil organic matter as basis for the determination of conditional metal binding parameters[J]. Environmental Science and Technology, 42: 186-192.

Paerl H W, Paul V J. 2011. Climate change: Links to global expansion of harmful cyanobacteria[J]. Water Research, 46: 1349-1363.

Paerl H W, Xu H, McCarthy M J, et al. 2011. Controlling harmful cyanobacterial blooms in a hyper-eutrophic lake(Lake Taihu, China): The need for a dual nutrient(N and P) management strategy[J]. Water Research, 45: 1973-1983.

Pan X L, Liu J, Zhang D Y. 2010. Binding of phenanthrene to extracellular polymeric substances(EPS) from aerobic activated sludge: A fluorescence study[J]. Colloids and Surfaces B: Biointerfaces, 80: 103-106.

Pereira S, Micheletti E, Zille A, et al. 2011. Using extracellular polymeric substances(EPS)-producing cyanobacteria for the bioremediation of heavy metals: do cations compete for the EPS functional groups and also accumulate inside the cell?[J]. Microbiology, 157: 451-458.

Plaza C, Brunetti G, Senesi N, Polo A. 2006. Molecular and quantitative analysis of metal ion binding to humic acids from sewage sludge and sludge-amended soils by fluorescence spectroscopy[J]. Environmental Science and Technology, 40: 917-923.

Qin B Q, Zhu G W, Gao G, et al. 2010. A drinking water crisis in lake Taihu, China: Linkage to climatic variability and lake management[J]. Environmental Management, 45: 105-112.

Qu F S, Liang H, He J G, et al. 2012. Characterization of dissolved extracellular organic matter(dEOM) and bound extracellular organic matter(bEOM) of *Microcystis aeruginosa* and their impacts on UF membrane fouling[J]. Water Research, 46: 2881-2890.

Saar R A, Weber J H. 1980. Comparison of spectrofluorometry and ion-selective electrode potentiometry for determination of complexes between fulvic acid and heavy-metal ions[J]. Analytical Chemistry, 52: 2095-2100.

Saar R A, Weber J H. 1982. Fulvic acid: Modifier of metal-ion chemistry[J]. Environmental Science and Technology, 16: 510A-517A.

Shen J, Liu E F, Zhu Y X, et al. 2007. Distribution and chemical fractionation of heavy metals in recent sediments from Lake Taihu, China[J]. Hydrobiologia, 581: 141-150.

Sheng G P, Xu J, Luo H W, et al. 2013. Thermodynamic analysis on the binding of heavy metals onto extracellular polymeric substances(EPS) of activated sludge[J]. Water Research, 47: 607-614.

Stedmon C A, Bro R. 2008. Characterizing dissolved organic matter fluorescence with parallel factor analysis: a tutorial[J]. Limnology and Oceanography: Methods, 6: 572-579.

Sun X F, Wang S G, Zhang X M, et al. 2009. Spectroscopic study of Zn^{2+} and Co^{2+} binding to extracellular polymeric substances(EPS) from aerobic granules[J]. Journal of Colloid and Interface Science, 335: 11-17.

Wang X Y, Sun M J, Wang J M, et al. 2012. *Microcystis* genotype succession and related environmental factors in Lake Taihu during cyanobacterial blooms[J]. Microbial Ecology, 64: 986-999.

Wang Y, Zhang D, Shen Z Y, et al. 2013. Revealing sources and distribution changes of dissolved organic matter(DOM) in pore water of sediment from the Yangtze estuary[J]. PLoS One, 8: e76633.

Wu J, Zhang H, He P J, et al. 2012. Toward understanding the role of individual fluorescent components in DOM-metal binding[J]. Journal of Hazardous Materials, 215-216: 294-301.

Xi B D, He X S, Wei Z M, et al. 2012. The composition and mercury complexation characteristics of dissolved organic matter in landfill leachates with different ages[J]. Ecotoxicology and Environmental Safety, 86: 227-232.

Xu H C, Cai H Y, Yu G H, et al. 2013a. Insights into extracellular polymeric substances of cyanobacterium *Microcystis aeruginosa* using fractionation procedure and parallel factor analysis[J]. Water Research, 47: 2005-2014.

Xu H C, Jiang H L. 2013. UV-induced photochemical heterogeneity of dissolved and attached organic matter associated with cyanobacterial blooms in a eutrophic freshwater lake[J]. Water Research, 47: 6506-6515.

Xu H C, Yan Z S, Cai H Y, et al. 2013b. Heterogeneity in metal binding by individual fluorescent components in a eutrophic algae-rich lake[J]. Ecotoxicology and Environmental Safety, 98: 266-272.

Xu H C, Yu G H, Jiang H L. 2013c. Investigation on extracellular polymeric substances from mucilaginous cyanobacterial blooms in eutrophic freshwater lakes[J]. Chemosphere, 93: 75-81.

Xu H C, Yu G H, Yang L Y, et al. 2013d. Combination of two-dimensional correlation spectroscopy and parallel factor analysis to characterize the binding of heavy metals with DOM in lake sediments[J]. Journal of Hazardous Materials, 263: 412-421.

Xu H C, Zhong J C, Yu G H, et al. 2014. Further insights into metal-DOM interaction: Consideration of both fluorescent and non-fluorescent substances[J]. PLoS One, 9(11): e112272.

Xue H B, Sigg L. 1999. Comparison of the complexation of Cu and Cd by humic or fulvic acids and by ligands observed in lake waters[J]. Aquatic Geochemistry, 5: 313-335.

Yamashita Y, Jaffe R. 2008. Characterizing the interactions between trace metals and dissolved organic matter using excitation-emission matrix and parallel factor analysis[J]. Environmental Science and Technology, 42: 7374-7379.

Yang R J, Vandenberg C M G. 2009. Metal complexation by humic substances in seawater[J]. Environmental Science and Technology, 43: 7192-7197.

Yao X, Zhang Y L, Zhu G W, et al. 2011. Resolving the variability of CDOM fluorescence to differentiate the sources and fate of DOM in Lake Taihu and its tributaries[J]. Chemosphere, 82: 145-155.

Yu G H, He P P, Shao L M. 2010. Novel insights into sludge dewaterability by fluorescence excitation-emission matrix combined with parallel factor analysis[J]. Water Research, 44: 797-806.

Yu G H, Wu M J, Wei G R, et al. 2012. Binding of organic ligands with Al(III) in dissolved organic matter from soil: Implications for soil organic carbon storage[J]. Environmental Science and Technology, 46: 6102-6109.

Zhang D Y, Pang X L, Mostofa K M G, et al. 2010. Complexation between Hg(II) and biofilm extracellular polymeric substances: An application of fluorescence spectroscopy[J]. Journal of Hazardous Materials, 175: 359-365.

Zhang Y L, Yin Y, Feng L Q, et al. 2011. Characterizing chromophoric dissolved organic matter in Lake Tianmuhu and its catchment basin using excitation-emission matrix fluorescence and parallel factor analysis[J]. Water Research, 45: 5110-5122.

第7章　EPS对胶体颗粒的稳定效应及机理

7.1　浅水湖泊胶体颗粒

胶体颗粒是指颗粒粒径在 1nm~1μm 的粒子，比表面积约 150~500m²/g。由于具有剧烈的水动力作用和频繁的沉积物再悬浮活动，浅水湖泊水体透明度很低，具有高浊度特征（图 7-1）。这种高浊度水体往往含有大量的胶体颗粒，其浓度可达数十毫克每升。水环境中胶体颗粒具有明显的环境效应：其分散/团聚性能可影响水体透明度和生态系统结构，且界面吸附特性还可改变污染物的迁移循环途径。基于其显著的环境和生态效应，水环境中胶体颗粒已成为近年来研究者关注的热点问题。水环境中胶体颗粒一般可分为三类：无机胶体、有机胶体和生物类胶体，具体详见表 7-1。

图 7-1　浅水湖泊高浊度水体特征

表 7-1　胶体颗粒的分类

无机胶体	有机胶体	生物类胶体
黏土类	腐殖酸、富里酸、微生物分泌物等	细菌
硅酸聚合物	细胞碎片	病毒
碳酸盐、磷酸盐	煤、炭黑	藻
金属硫化物、氧化物、氢氧化物		

7.1.1　胶体颗粒来源

环境水体中胶体颗粒的来源主要有自然来源和人为来源两个方面。

（1）自然来源，由自然原因而形成，主要包括以下几方面。①地表径流：地表径流会携带部分土壤和降水中的胶体颗粒，最终流入自然水体中；②沉积物再悬浮：在受到大风、航运等干扰的作用下，湖泊水体沉积物易发生再悬浮，造成上覆水体富含胶体颗粒；③岩石风化、动植物残体等：岩石经风化作用会形成大小不同的砂粒、土粒和胶粒等矿物颗粒，此外，环境水体内的动植物残体经过光和微生物分解后也会释放出大量的胶体颗粒。

（2）人为来源，由人为活动而产生，包括人类有意合成得到的和无意识活动所产生的，主要包括以下几个方面。①纳米技术的研发：随着纳米技术的广泛应用，纳米产品在生产、使用及最终处置过程中不可避免地会向环境介质中释放大量胶体颗粒，这些胶体颗粒最终会汇流进入湖泊或海洋等自然水体中；②冶金工业的选矿：随着科技和工业的快速发展，各行业对矿物原料质量的要求也越来越高，而选矿作为整个矿产品生产过程中最重要的环节，往往会产生大量的胶体颗粒；③水处理过程的排放：在城市污水处理厂中，部分胶体颗粒会随着水体的排放进入地表水体中，另外还有部分胶体颗粒进入剩余污泥中，并经过填埋、土壤改良等处置方式被引入土壤介质，再随着降雨和地表冲刷作用最终进入自然水体中。

7.1.2　胶体颗粒危害

胶体颗粒粒径小，自然沉降速度慢，在水体中停留时间长，其危害主要包括以下几个方面。

1）影响水体的透明度和娱乐价值

胶体颗粒长时间悬浮于上覆水体，易导致水体浑浊、透明度下降，降低水体的娱乐观赏价值。

2）影响水体中污染物的迁移转化

胶体颗粒界面活性强，易与水体中的有机/无机污染物发生吸附/解吸附、配位、络合等一系列物理化学反应，从而影响这些污染物的迁移转化和生物有效性。

3）对人类健康的威胁

胶体颗粒被水中的脊椎/无脊椎动物、藻类及细菌等摄食，并通过食物链逐渐传递到高级生物，最终通过人类食用水生生物而给人体健康带来危害。

7.2　水华蓝藻 EPS 与胶体颗粒界面作用特征

7.2.1　吸附实验

选取氧化锌胶体（ZnO）为模型胶体颗粒，分析氧化锌胶体颗粒与水华蓝藻 EPS 絮体的界面作用特征和机理。具体实验相关信息如下。

1）吸附过程

平衡吸附等温线研究：获得不同浓度的水华蓝藻 EPS 絮体，其 DOC 的浓度范围为 2~280mg/L，取 14mL 不同浓度的 EPS 絮体溶液于 20mL 的玻璃瓶中，再分别加入 40mg 的氧化锌胶体颗粒，将混合溶液置于 160r/min 的恒温摇床（25℃）振荡 24h，实验过程中采用 0.01mol/L 的 HCl 或 NaOH 调节溶液 pH 至 7.0 左右。

动力学研究：初始 EPS 絮体浓度分别为 25mg/L 和 50mg/L，分别向两种不同浓度的 EPS 溶液中加入一定量的 ZnO 胶体颗粒，立即置于 160r/min 的恒温摇床（25℃）振荡，实验期间定期采集样品，并采用 0.01mol/L 的 HCl 或 NaOH 调节溶液 pH 至 7.0 左右。

pH 和离子强度影响研究：对于 pH 的影响，初始 EPS 絮体浓度为 25mg/L，用 0.01mol/L HCl 或 NaOH 溶液分别将其 pH 调整为 3、4、5、6、7、8、9、10，取 14mL 不同 pH 的蓝藻 EPS 溶液与 40mg ZnO 胶体颗粒充分混匀，振荡 24h 后取样；对于离子强度的影响，初始 EPS 絮体浓度为 25mg/L，采用 NaNO$_3$ 配制离子强度分别为 0.001mol/L、0.01mol/L、0.1mol/L，取 14mL 不同 pH 的蓝藻 EPS 溶液与 40mg ZnO 胶体颗粒充分混匀，维持溶液 pH 为 7.0，振荡 24h 后取样。

阴离子影响研究：初始 EPS 絮体浓度为 25mg/L，分别向其中加入一定量的 NaHCO$_3$、Na$_2$SO$_4$、NaH$_2$PO$_4$ 和 NaNO$_3$，控制 HCO$_3^-$ 浓度分别为 0.1mmol/L、2mmol/L、10mmol/L 的溶液，SO$_4^{2-}$ 浓度分别为 0.5mmol/L、5mmol/L、10mmol/L 的溶液，H$_2$PO$_4^-$ 浓度分别为 0.005mmol/L、0.1mmol/L、1mmol/L 的溶液，NO$_3^-$ 浓度分别为 0.005mmol/L、0.5mmol/L、2mmol/L 的溶液，取 14mL 不同 pH 的蓝藻 EPS 溶液与 40mg ZnO 胶体颗粒充分混匀，维持溶液 pH 为 7.0，振荡 24h 后取样。

将上述所有批量实验反应后取样得到的悬浊液在 15 000g 条件下离心 10 min，然后过 0.22μm 醋酸纤维滤膜。滤液进行 EPS 含量和组分分析，而固体样品经冷冻干燥后进行光谱分析。

2）分析方法

（1）等温吸附分析。等温吸附模型可用于描述在一定温度下，吸附反应达到平衡时蓝藻 EPS 在固液两相中的浓度关系，该模型普遍采用 Langmuir 和 Freundlich 方程来描述，其中，Langmuir 方程为

$$q_e = \frac{q_m K_a C_e}{1 + K_a C_e} \tag{7-1}$$

转化成线性形式，即

$$\frac{C_e}{q_e} = \frac{1}{q_m K_a} + \frac{C_e}{q_m} \tag{7-2}$$

式中，C_e 为上清液中蓝藻 EPS 的浓度（mg/L）；q_e 为吸附到 ZnO 胶体颗粒的蓝藻 EPS 含量（mg/g）；q_m 为（单层）吸附到 ZnO 胶体颗粒表面的蓝藻 EPS 最大含量（mg/g）；K_a 为吸附常数（L/mg）；常数 q_m 和 K_a 可通过 C_e/q_e 对 C_e 线性图上的截距和斜率来计算。

Freundlich 吸附等温模型认为胶体颗粒表面的吸附为多层吸附，其方程式如下：

$$q = K_F C_e^{1/n} \tag{7-3}$$

转化为线性形式为

$$\log_{10} q = \frac{1}{n} \log_{10} C_e + \log_{10} K_F \tag{7-4}$$

式中，C_e 为吸附溶液蓝藻 EPS 絮体的浓度（mg/L）；q 为吸附到 ZnO 胶体颗粒表面的蓝藻 EPS 含量（mg/g）；K_F 为 Freundlich 常数；K_F 和 $1/n$ 可通过 $\log_{10} q$ 对 $\log_{10} C_e$ 的线形图上的截距和斜率计算而得到。

（2）吸附动力学分析。吸附动力学的分析采用两种简单的动力学模型，即拟一级动力学和拟二级动力学速率方程，其表达式如下：

$$\log_{10}(q_e - q_t) = \log_{10} q_e - \frac{k_1}{2.303} t \tag{7-5}$$

$$\frac{t}{q_t} = \frac{1}{k_2 (q_e)^2} + \frac{t}{q_e} \tag{7-6}$$

式中，q_e 和 q_t 分别是 EPS 在平衡时和 t 时的吸附量（mg/L）；k_1 和 k_2 分别为拟一级和拟二级吸附过程的速率常数，初始吸附速率 v_0 由拟二级动力学模型中的 $v_0=k_2 \cdot q_e^2$ 计算得到。

另外，水华蓝藻 EPS 絮体在 t 时刻的吸附性能通过下式计算：

$$q_t = \frac{(C_0 - C_t)V}{W} \qquad (7\text{-}7)$$

式中，C_0 和 C_t 分别为初始溶液浓度和 t 时刻浓度；V 为溶液体积；W 为 ZnO 胶体颗粒质量。

7.2.2　水华蓝藻 EPS 与胶体颗粒的吸附特征

1）ZnO 胶体颗粒的结构特征

从 TEM 图（图 7-2）可以看出，ZnO 胶体颗粒呈多种形状，包括球形、多边形、椭圆形等，平均粒径为（30±10）nm。从 XRD 图谱可以看出，在 31.8°、34.4°、36.2°、47.6°、56.1°、62.9°、66.1°、68.0°和 69.0°处均具有明显的特征峰，这与氧化锌标准图谱较为吻合（Bian et al., 2011）。

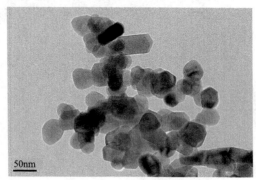

（a）TEM图

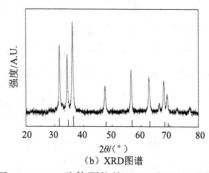

（b）XRD图谱

图 7-2　ZnO 胶体颗粒的 TEM 和 XRD 图谱

2）吸附等温研究

实验发现，随着水华蓝藻 EPS 含量逐渐增大，其在胶体颗粒表面的吸附量也逐渐增加。为深入了解水华蓝藻 EPS 与胶体颗粒的吸附特征，分别采用 Langmuir 和 Freundlich 模型对吸附过程进行拟合，拟合曲线详见图 7-3。

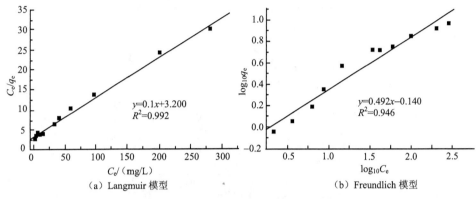

（a）Langmuir 模型　　　　　　　　（b）Freundlich 模型

图 7-3　ZnO 对蓝藻 EPS 的等温吸附曲线

两种模型获得的具体吸附参数见表 7-2。由表可知，两种模型均能较好地模拟蓝藻 EPS 絮体在 ZnO 胶体表面的吸附。但与 Freundlich 模型相比，Langmuir 模型能更好地拟合蓝藻 EPS 絮体在 ZnO 胶体颗粒表面的吸附等温线。Langmuir 模型中所得到的 R^2 值比 Freundlich 模型高，由该模型获得的 ZnO 胶体颗粒对蓝藻 EPS 的理论饱和吸附量为 10.0mg/g；n 值表示 ZnO 胶体颗粒对蓝藻 EPS 吸附能力的大小，n 值为 2~10 说明吸附容易进行，在 $n<0.5$ 时则很难进行，本研究中 n 值为 2.03，说明蓝藻 EPS 絮体在 ZnO 胶体颗粒表面上的吸附较易进行（Bai et al., 2010; Khan et al., 2011a; Su et al., 2013）。

表 7-2　蓝藻 EPS 絮体在 ZnO 表面的等温吸附拟合参数

模型	有机质含量/(mg/L)	K_a/(L/mg)	q_m/(mg/g)	K_F	n	R^2
Langmuir	25	0.03	10.0	—	—	0.992
Freundlich	25	—	—	0.724	2.03	0.946

3）吸附动力学研究

初始 EPS 絮体浓度分别选取 25mg/L 和 50mg/L，分别观察不同初始浓度下水华蓝藻 EPS 絮体在 ZnO 胶体颗粒表面的吸附动力学。从图 7-4 可以看出，初始蓝藻 EPS 浓度越高，其在 ZnO 胶体颗粒表面的吸附量也越大。对于两种浓度的蓝藻 EPS 样品，其吸附量均随着吸附时间的增加而增加。如当初始蓝藻 EPS 浓度为 25mg/L 时，其吸附量在反应的最初 30min 内急剧增大到 3.8mg/g，此后其吸附量缓慢增加，8h 后的吸附量约 4.2mg/g，再进一步增加吸附时间，吸附量基本不变。整体来说，超过 90%的蓝藻 EPS 在前 30min 内被吸附，这种快速吸附现象可能是因为 ZnO 胶体颗粒具有粒径小（30nm）、比表面积大（35.7 m^2/g）的特性，从而有利于快速捕获蓝藻 EPS 样品并吸附在其活性位点上（Ma et al., 2013; Su et al., 2013）。

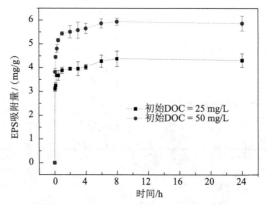

图 7-4　蓝藻 EPS 在 ZnO 表面的吸附量随时间的变化特征

根据吸附动力学的数据，分别以 $\log_{10}(q_e-q_t)\sim t$、$t/q_e\sim t$ 进行回归分析，结果如图 7-5 和表 7-3 所示，从图中可以清晰地看出，ZnO 胶体颗粒对蓝藻 EPS 的吸附过程可以较好地用拟一级和拟二级动力学方程拟合，尤其是当蓝藻 EPS 浓度为 25mg/L 时（R^2>0.95），其拟合结果更好。

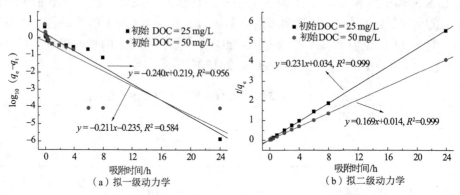

（a）拟一级动力学　　　　　　　（b）拟二级动力学

图 7-5　蓝藻 EPS 在 ZnO 表面的吸附动力学曲线

进一步研究可以看出，拟二级动力学方程对吸附数据的拟合度更好。在两种不同的蓝藻 EPS 浓度下，拟二级方程得到的 R^2 均达到 0.999，而拟一级方程得到的 R^2 均低于 0.99。另外，无论初始蓝藻 EPS 浓度为 25mg/L 还是 50mg/L，由拟一级方程计算得到的平衡吸附量 q_e 均远低于拟二级动力学方程所计算得到平衡吸附量,表明化学吸附可能是该吸附反应的限速过程(Khan et al., 2011a; Su et al., 2013)。

表 7-3　蓝藻 EPS 在 ZnO 表面的吸附动力学拟合参数

动力学方程	C_0/(mg/L)	q_e/(mg/g)	K_1/h^{-1}	K_2/[g/(mg·h)]	V_0/[mg/(g·h)]	R^2
拟一级动力学	25	1.66	0.55	—	—	0.956
	50	0.59	0.49	—	—	0.584
拟二级动力学	25	4.33	—	1.57	29.44	0.999
	50	5.92	—	2.04	71.49	0.999

4)溶液化学性质对吸附行为的影响

不同 pH 条件下,ZnO 胶体颗粒对蓝藻 EPS 絮体的吸附效果见图 7-6(a)。由图可知,当 pH 为 3~8 时,蓝藻 EPS 在 ZnO 胶体颗粒表面上的吸附量几乎不受 pH 的影响;然而当 pH>8 时,随 pH 增大吸附量逐渐下降。这可能是因为在较高的 pH 条件下,蓝藻 EPS 的羧基(pK_a:6.1~6.6)和酚羟基(pK_a:8.4~9.2)大量解离,且该条件下蓝藻 EPS 絮体表面具有大量的负电荷,使 ZnO 胶体颗粒大量团聚,从而降低了其对 EPS 絮体的吸附量(Yang et al., 2009; Zhou and Keller, 2010; Bian et al., 2011; Erhayem and Sohn, 2014)。

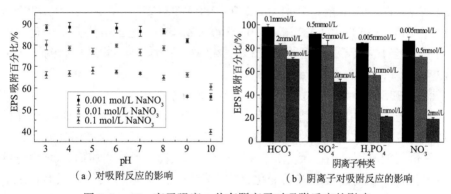

(a)对吸附反应的影响　　　　　　　(b)阴离子对吸附反应的影响

图 7-6　pH、离子强度、共存阴离子对吸附反应的影响

图 7-6(a)还表明在相同的 pH 下,ZnO 胶体颗粒对蓝藻 EPS 的吸附量随离子强度的增大而减小。例如,当离子强度从 0.001mol/L 增至 0.1mol/L 时,EPS 絮体在 ZnO 胶体颗粒表面的吸附量降低了约 40%。这可能是因为 ZnO 胶体颗粒在高离子强度条件下会发生团聚行为,减小了胶体颗粒比表面积和 EPS 絮体吸附位点,故其对蓝藻 EPS 的吸附量逐渐降低。

图 7-6(b)为阴离子对吸附效果的影响,如图所示,当 HCO_3^-、SO_4^{2-}、$H_2PO_4^-$

和 NO_3^- 的浓度不断升高时，ZnO 胶体颗粒对蓝藻 EPS 的吸附量均明显降低，尤其是 $H_2PO_4^-$ 和 NO_3^-，当它们从初始浓度 0.005mmol/L 增至 1~2mmol/L 时，蓝藻 EPS 的吸附量降低了约 75%。这可能是因为这些带负电荷的阴离子基团浓度的升高使颗粒间具有更强的静电斥力，从而降低了胶体颗粒对 EPS 的吸附量。已有研究表明，在典型的富藻富营养化湖泊中，NO_3^-、$H_2PO_4^-$、HCO_3^- 和 SO_4^{2-} 的浓度分别为 0.12~0.25mmol/L、0.002~0.005mmol/L、1.25~2.00mmol/L 和 0.5~1.0mmol/L。基于上述研究结果，可推测在富营养化水体环境中，共存阴离子对胶体颗粒吸附效率的抑制作用可能会超过 20%。

综上分析表明，静电作用对整个吸附反应有着很大的影响。然而，需要指出的是，无论离子强度的大小是多少，当 pH<8 时胶体颗粒对 EPS 吸附的影响过程并不清楚。这说明除了静电作用外，蓝藻 EPS 在 ZnO 胶体颗粒上的吸附可能还存在其他机理。

5）基于 EEM-PARAFAC 分析的蓝藻 EPS 絮体吸附行为研究

虽然理化分析方法可表征蓝藻 EPS 絮体在 ZnO 胶体表面的吸附特征，但却无法获得 EPS 絮体中不同有机组分的吸附行为（Zhang et al., 2009; Liang et al., 2011）。采用 EEM-PARAFAC 技术从蓝藻 EPS 絮体中解析出相互独立的不同荧光组分，并分析不同有机组分的吸附行为差异性。所获得的四个荧光组分（C1~C4）的 Ex/Em 位置分别为（220，280）/334nm、（210，270）/290nm、（220，280，320）/404nm 和（270，360）/454nm，它们分别归属为色氨酸类（C1）、酪氨酸类（C2）、富里酸类（C3）和腐殖质类（C4）物质（Ishii and Boyer, 2012; Yu et al., 2012; Xu et al., 2013）。

蓝藻 EPS 絮体的四个荧光组分的吸附动力学曲线如图 7-7 所示。由图可知，四个组分的动力学变化趋势各不相同。其中，C1、C3 和 C4 组分均有明显的吸附效果。具体为：随着吸附反应的进行，三个组分的荧光强度迅速降低，但随着吸附过程的不断进行，荧光强度缓慢降低直至稳定不变。然而，C2 组分的荧光强度在整个吸附过程中波动变化，这可能是因为酪氨酸类物质具有稳定的分子内氢键结构以及羧基和氨基官能团的活性阻碍作用（Norén et al., 2008）。采用拟一级和拟二级动力学方程分别对 C1、C3、C4 三种组分进行拟合，结果如表 7-4 所示。

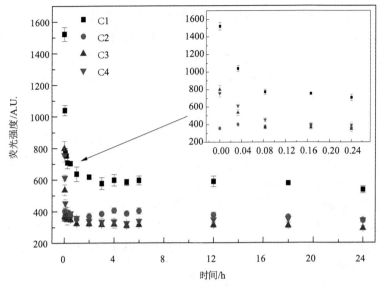

图 7-7　蓝藻 EPS 絮体中不同有机组分的吸附动力学过程

表 7-4　有机组分的吸附动力学拟合参数

动力学方程	有机组分	q_e /（mg/g）	K_1/h^{-1}	K_2 /[g/（mg·h）]	V_0 /[mg/（g·h）]	R^2
拟一级动力学方程	C1	118.85	0.41	—	—	0.633
	C3	38.99	0.35	—	—	0.637
	C4	37.15	0.42	—	—	0.704
拟二级动力学方程	C1	340.14	—	0.02	$2.31×10^3$	0.999
	C3	175.43	—	0.06	$1.85×10^3$	0.999
	C4	144.93	—	1.32	$2.77×10^4$	0.999

从表 7-4 可以看出，ZnO 胶体颗粒对 C1、C3、C4 这三种有机组分的吸附能很好地用拟二级动力学模型拟合，由该方程计算得到的理论吸附饱和量分别达到 340.14mg/g、175.43mg/g 和 144.93mg/g，并且 R^2 均达到 0.999，远高于拟一级动力学方程的获得值。进一步分析表明，有机组分的初始吸附反应速率（V_0）按 C4>C1>C3 的顺序递减，说明蓝藻 EPS 絮体中腐殖质类的物质优先被 ZnO 胶体颗粒吸附，其次是色氨酸类和富里酸类的物质。所以，与理化分析（如 DOC 含量）方法相比，EEM-PARAFAC 技术可解析蓝藻 EPS 絮体在 ZnO 胶体表面的更多吸附细节信息，如 EPS 絮体中不同有机组分的吸附差异性变化。

6）ATR-FTIR 和 2D-COS 的分析

为深入研究 ZnO 胶体颗粒对蓝藻 EPS 的吸附机理，对初始 ZnO 胶体及吸附 EPS 后的胶体颗粒进行了 ATR-FTIR 光谱分析。如图 7-8（a）所示，初始的 ZnO 胶体颗粒在 1505cm^{-1} 和 1390cm^{-1} 处有明显的特征峰，当 EPS 吸附后其特征峰发生了明显的变化，如 EPS-ZnO 复合物在 1650cm^{-1} 和 1046cm^{-1} 处出现了两种新的特征峰，这两个峰分别为蛋白类酰胺 I 和多糖 C═O，这说明蓝藻 EPS 絮体有效吸附在 ZnO 胶体颗粒表面。进一步研究表明，初始 EPS 絮体在 1630 cm^{-1}、1550cm^{-1}、1402cm^{-1} 和 1040cm^{-1} 处有多个特征峰，然而 1550cm^{-1} 处吸收峰在 EPS-ZnO 络合物中几乎完全消失，表明 EPS 絮体与 ZnO 胶体表面发生了化学络合作用（Chen et al., 2012）。此外，研究还发现，EPS 絮体中 1630cm^{-1}、1402cm^{-1} 和 1040cm^{-1} 处吸收峰变为络合物中 1650cm^{-1}、1390cm^{-1} 和 1046cm^{-1} 处的吸收峰，同样表明 EPS 絮体与 ZnO 胶体表面官能团螯合是蓝藻 EPS 絮体吸附的一个重要机理。图 7-8（b）表示 EPS-ZnO 络合物特征官能团吸光值随吸附时间的延长而不断增加，表明 EPS 絮体中官能团如羧基和酰胺基等有效吸附在 ZnO 胶体颗粒表面。

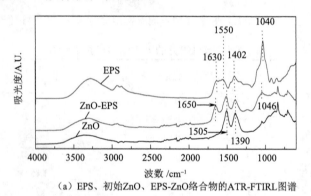

（a）EPS、初始ZnO、EPS-ZnO络合物的ATR-FTIRL图谱

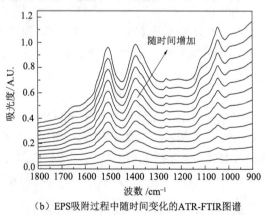

（b）EPS吸附过程中随时间变化的ATR-FTIR图谱

图 7-8　EPS 吸附过程中红外图谱变化

综上分析表明，官能团的表面络合是蓝藻 EPS 絮体在 ZnO 胶体颗粒表面吸

附的重要机理。虽然 ATR-FTIR 光谱能揭示不同官能团的变化，但仍不清楚这些官能团间的动态变化信息，而这些信息对于进一步理解 EPS 絮体在 ZnO 胶体表面的吸附机理非常关键。因此，本节采用 2D-COS 技术进一步分析 EPS 絮体吸附过程中各官能团之间的动态变化特征（图 7-9）。

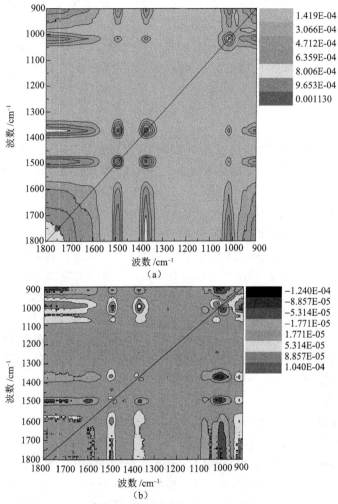

图 7-9　二维同步（a）和异步（b）ATR-FTIR 相关光谱

同步相关图谱在 1504cm^{-1}、1380cm^{-1} 和 1040cm^{-1} 处有三个主要的特征峰（图 7-9），峰强按 1380cm^{-1}>1504cm^{-1}>1040cm^{-1} 顺序逐渐降低，表明多糖类 CH$_2$ 被大量吸附在 ZnO 胶体表面，其次是蛋白类酰胺 II 和多糖类 C═O。在对角线左上方有三个交叉峰（1504/1380）cm^{-1}、（1504/1080）cm^{-1} 和（1380/1080）cm^{-1}，且它们均为正值，表明这三个峰在 ZnO 胶体表面具有同向性，即均有效吸附在 ZnO 胶体表面。

异步相关图谱对角线以上有六个正交叉峰和一个负交叉峰，正交叉峰的位置为（1504/1480）cm^{-1}、（1504/1380）cm^{-1}、（1504/1020）cm^{-1}、（1380/1020）cm^{-1}、（1040/1020）cm^{-1} 和（1380/1360）cm^{-1}（图 7-9），而负交叉峰的位置为（1080/1040）cm^{-1} 处。根据 Noda 规则，这些官能团在 ZnO 胶体表面吸附的先 后 顺 序 为：$1504\,cm^{-1}> 1480cm^{-1}> 1380cm^{-1}> 1360cm^{-1}> 1040cm^{-1}>$ $1020cm^{-1}$，即长波数官能团的吸附优先于短波数官能团。2D-COS 的结果表明，蛋白质中的酰胺类物质优先吸附到 ZnO 胶体颗粒的表面，其次是多糖中的 CH_2 官能团以及 OH 类官能团等。

7）XPS 分析

进一步采用 XPS 光谱技术分析蓝藻 EPS 絮体在 ZnO 胶体表面的吸附机理。实验发现，在蓝藻 EPS 吸附前后，ZnO 胶体颗粒的 Zn 2p、C 1s 和 O 1s 图谱都包含两个峰（图 7-10 和图 7-11），这些峰分别归属为：在 Zn 2p 谱图中，位于 1021.4eV 和 1044.4eV 处的峰为 ZnO 晶体中的 Zn^{2+}；在 O 1s 谱图中，位于 530.1eV 和 531.5eV 处的峰分别为纤锌矿结构中的 O^{2-} 和 ZnO 表面的 C=O 官能团；在 C 1s 谱图中，位于 284.6eV 和 288.3eV 处的峰分别为脂质 C—（C，H）和羧基（Bian et al.，2011）。定量分析结果表明，最初的 ZnO 含有 48.47% 的 C、33.58% 的 O 和 17.95% 的 Zn，C/Zn 和 O/Zn 的比值分别为 2.70、1.87。蓝藻 EPS 絮体吸附后，EPS-ZnO 络合物中 C∶Zn 和 O∶Zn 的值分别增加到 4.59 和 2.33，表明蓝藻 EPS 絮体有效吸附在 ZnO 胶体颗粒表面（Bian et al.，2011）。此外，EPS 絮体吸附过程中 C∶O 值逐渐增大，表明相比 EPS 絮体中的含 O 组分，含 C 组分优先被吸附到 ZnO 胶体颗粒表面，这与二维同步 ATR-FTIR 相关光谱的分析结果一致。

ZnO 胶体颗粒吸附 EPS 絮体前后 C 1s 和 O 1s 的高分辨图谱如图 7-12 所示，C 1s 可以解析出三个光谱区域：脂肪族的 C—C 和 C—H（284.8eV）、碳氧或碳氮单键（C—O，C—N）(286.2eV) 以及碳氧双键（C=O，O=C—N）(288.5eV) 等；O 1s 较宽的谱图包含有 O^{2-}（530.2eV）、C=O（531.7eV）和 C—OH/C—O—C（533.0eV）组分的存在。初始 ZnO 胶体颗粒中 C 含量最高的部分是脂肪 C（84.12%），其次是单键 C—N（11.21%）和羧酸 C=O 双键（4.67%）。蓝藻 EPS 絮体的吸附过程减小了碳氧或碳氮单键 C—（N，O）的百分比，但增加了脂肪族 C—（C，H）的比值，这表明碳氧或碳氮单键官能团在吸附过程被取代。同时，O 1s 谱图表明，初始的 ZnO 胶体颗粒和 ZnO-EPS 络合物中 C=O

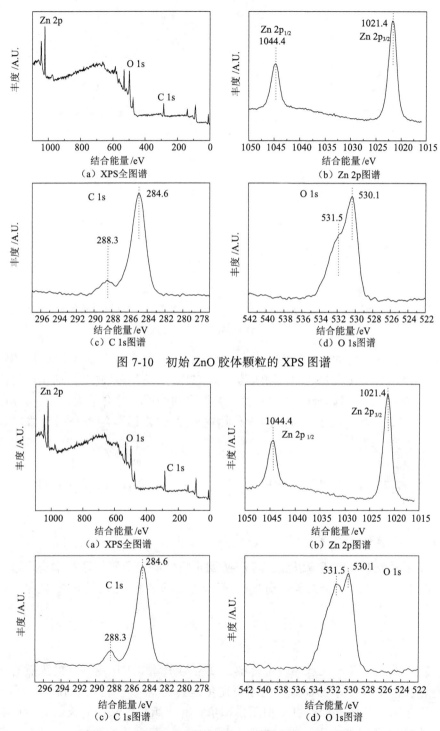

图 7-10　初始 ZnO 胶体颗粒的 XPS 图谱

图 7-11　吸附 EPS 絮体后 ZnO 胶体颗粒 XPS 图谱

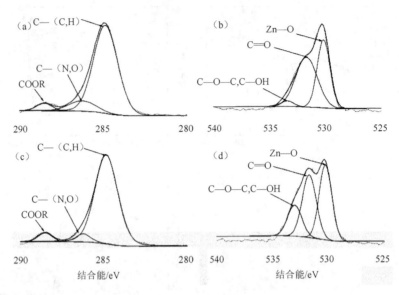

图 7-12　初始 ZnO 的 C 1s 图（a）和 O 1s 图（b）以及 EPS-ZnO 络合物的 C 1s 图（c）和 O 1s 图（d）

的百分比分别为 53.4%、39.0%，使得—OH 官能团的百分含量从 ZnO 胶体颗粒的 3.4%增加到 ZnO-EPS 络合物的 19.5%。XPS 的分析结果进一步证实了官能团络合在蓝藻 EPS 絮体吸附过程中发挥着重要的作用。综合吸附过程、2D-COS 和 XPS 结果，静电吸引和表面络合作用是蓝藻 EPS 絮体在 ZnO 胶体颗粒表面吸附的主要机理。

7.3　EPS 对胶体颗粒环境稳定性的影响及机理

7.3.1　胶体颗粒分散/团聚行为的影响因素

胶体颗粒进入水环境以后，其分散/团聚特性决定着胶体颗粒本身及污染物的分散/团聚行为。胶体颗粒的分散/团聚行为受到多种因素的影响，主要影响因素有以下几个方面。

1）天然有机物

胶体颗粒一旦排入水环境系统中，便会与水环境中广泛存在的天然有机物产生相互作用，其分散/团聚行为不可避免地会受到天然有机物的影响。目前，已有许多研究学者以标准有机物质模拟单一有机组分，来研究天然有机质对胶体颗粒的分散/团聚行为。如有的研究学者比较了腐殖质的两种主要成分（腐殖酸和富里酸）对银纳米颗粒的稳定性影响，认为腐殖酸具有更强的稳定效果。另外，腐殖酸和多糖均会提高硼纳米颗粒的稳定性，使该胶体颗粒长时间稳定悬浮于溶液中。然而，还有研究表明，无论是否存在天然有机质，溶液中 SiO_2 纳米颗粒均稳定悬浮于溶液中，具有极强的稳定性。但是在天然水体环境中（如富营养化湖泊），除天然有机质外，蓝藻水华生消过程中还会产生大量的 EPS，EPS 絮体主要由多糖、蛋白质、核酸等物质组成且含有大量的有机官能团，因而对胶体颗粒的分散/团聚行为影响更为显著，而目前关于蓝藻 EPS 对胶体颗粒行为影响方面的研究相当少。

2）pH

胶体颗粒的表面一般呈水合氧化物型表面（M—OH），由于 H^+ 的缔合和解离使得该表面易产生裸露的表面电荷，因而其分散/团聚行为也受湖泊水体 pH 的影响。

目前，关于 pH 对于胶体颗粒稳定性方面的影响已有不少研究。这些研究表明，不同胶体颗粒的零电荷点不同，当溶液的 pH 位于零电荷点时，胶体颗粒的表面电荷为零，此时颗粒会有明显的团聚行为；随着溶液 pH 向零电荷点两边变化，胶体颗粒的表面电荷逐渐增多，整个反应体系便逐渐稳定。另外，不同浓度的胶体粒子的零电荷点不同，不同种类的胶体颗粒在相同 pH 的溶液中其表面电势也不同，因而它们的团聚行为受 pH 的影响程度也不同。

3）电解质离子

天然水体中存在的各种电解质离子也会对胶体颗粒在水体中的团聚行为产生影响。大量研究表明，当其他条件不变时，溶液中离子强度增大一般会降低胶体颗粒的稳定性；不同价态的阳离子对胶体颗粒稳定性的影响差异很大，一般来说，高价态离子更易使胶体颗粒发生团聚，而价态相同的不同离子对胶体颗粒的稳定性影响也具有一定差异性。

4）其他因素

除了天然有机质、pH、离子强度外，其他因素也会对胶体颗粒的分散/团聚行为产生影响。有研究指出，胶体颗粒自身的大小对其稳定性具有明显的影响，具体而言，胶体颗粒越小则越不稳定，这可能是颗粒大小的变化使颗粒等电点发生了改变。也有学者发现，溶解氧也会影响胶体颗粒的团聚，如溶解氧浓度较高时，银纳米颗粒的初始团聚速率要明显快于溶解氧浓度较低时。此外，研究体系的温度对纳米颗粒稳定性的影响并不明显，这可能是因为胶体颗粒本身在常温温度范围内均具有良好的稳定性。

7.3.2　胶体颗粒分散/团聚行为的理论基础

1）两种典型的团聚行为

根据静电排斥能的存在与否，胶体颗粒的团聚行为又可以分为快速团聚和慢速团聚。

（1）快速团聚：当胶体颗粒之间不存在静电排斥能时，颗粒一经碰撞就会立即发生团聚行为，此即快速团聚。其中团聚行为的速率由颗粒的碰撞速率决定，而颗粒的碰撞速率又由其扩散速度决定，因此快速团聚也称扩散限制团聚（diffusion limited aggregation，DLA），研究颗粒的快速团聚行为事实上是研究一个颗粒向另一颗粒的扩散行为。

两胶体颗粒的团聚速率方程由 von Smoluchowski 在 1917 年推导而出，他假设胶体颗粒是大小均一的球体，则其团聚速率方程为

$$v = k^{\mathrm{DLCA}} i^2 \tag{7-8}$$

式中，$k^{\mathrm{DLCA}} = \dfrac{8k_{\mathrm{B}}T}{3\eta}$，若胶体颗粒的大小分别为 R_i 和 R_j，则有

$$k_{i,j}^{\mathrm{DLCA}} = 4\pi\left(D_i + D_j\right)\left(R_i + R_j\right) = \frac{2}{3}\frac{k_{\mathrm{B}}T}{\eta}\left(R_i + R_j\right)\left(\frac{1}{R_i + R_j}\right) \tag{7-9}$$

由式（7-9）可以看出，两胶体颗粒的团聚速率与胶体颗粒的大小有关。

（2）慢速团聚：当胶体颗粒具有足够大的动能来克服静电排斥能时，颗粒的团聚行为才会发生。一般情况下，胶体颗粒的每一次碰撞不一定都会发生团聚行为，因此颗粒间的慢速团聚速率比快速团聚的速率要小。慢速团聚行为也称为反应限制团聚（reaction limited aggregation，RLA），慢速团聚速率与 Fuchs 稳定性系数 W 相关。Fuchs 稳定性系数是指两团聚体的 von Smoluchowski 速率常数与实际测量值的比值，即

$$W = 2\int_{2}^{\infty} \frac{\exp\left(U / k_{\mathrm{B}}T\right)}{\gamma l^2} \mathrm{d}l \tag{7-10}$$

式中，$l = r/R_c$，R_c 表示胶体颗粒的半径，r 表示两个胶体颗粒的中心距离；U 表示胶体颗粒的总位能；γ 表示两个胶体颗粒在靠近时产生的阻力。一般，W 值越大，体系的稳定性越好。快速团聚体系中 W 为 1~5，而慢速团聚体系中 $W > 5$。

2）团聚动力学的表征

胶体颗粒的水力学半径随时间的变化率与其初始浓度成正比，如式（7-11）所示。

$$\left(\frac{dD_h(t)}{dt}\right)_{t\to 0} \propto k_{11}N_0 \qquad (7\text{-}11)$$

式中，$D_h(t)$ 为胶体颗粒的水力学半径；t 为时间；N_0 为胶体颗粒初始浓度；k_{11} 为初始团聚速率常数。

颗粒之间的附着效率 α 为稳定性系数 W 的倒数，其变化范围为 0~1，它可用于量化胶体体系的团聚动力学，可通过电解质浓度下的团聚速率常数与扩散控制条件下的团聚速率常数的比值表示。由于发生团聚行为时颗粒的浓度不变，故也可通过快速团聚特征图上的初始斜率计算而得，即

$$\alpha = \frac{1}{W} = \frac{k_{11}}{(k_{11})_{fast}} = \frac{\left(\dfrac{dD_h(t)}{dt}\right)_{t\to 0}}{\left(\dfrac{dD_h(t)}{dt}\right)_{t\to 0, fast}} \qquad (7\text{-}12)$$

式中，下标"fast"指快速团聚阶段；$(k_{11})_{fast}$ 指快速团聚阶段的团聚速率常数。

3）胶体颗粒分散/团聚的 DLVO 理论

颗粒之间的相互作用力决定了胶体颗粒的稳定性，这些作用力一般有范德瓦耳斯力、空间位阻力、水合力和静电排斥力等。基于这些作用力，人们提出了胶体颗粒稳定团聚的相关理论，DLVO 理论便是研究胶体稳定性的经典理论之一，该理论是由 Derjaguin、Landau、Verwey 和 Overbeek 分别在 1941 年和 1948 年提出的。

DLVO 理论认为，带电的胶体颗粒之间有两种相互作用力：范德瓦耳斯吸引力和静电排斥力，它们之间的相互作用决定着胶体颗粒的分散/团聚特性。胶体颗粒的总位能等于范德瓦耳斯吸引位能 U_A 和静电排斥位能 U_B 之和，即

$$\begin{aligned}
U &= U_A + U_B \\
&= \frac{4\pi\varepsilon_0\varepsilon_r r^2\zeta^2}{H+2r}\exp(-kH) \\
&\quad -\frac{A}{6}\left[\frac{2r^2}{H^2+4rH} + \frac{2r^2}{H^2+4rH+4r^2} + \ln\left(\frac{H^2+4rH}{H^2+4rH+4r^2}\right)\right]
\end{aligned} \qquad (7\text{-}13)$$

式中，H 表示两颗粒间的距离（m）；A 表示胶体颗粒的 Hamaker 常数；r 表示

胶体颗粒的半径（m）；k 表示德拜长度的倒数（m^{-1}）；ζ 表示颗粒的 ζ 电位（mV）；ε_r 表示溶剂的相对介电常数；ε_0 表示真空介电常数[8.85×10^{-12} $C^2/（J \cdot m）$]。

DLVO 理论的研究基础即上述两种力及其相互作用，当范德瓦耳斯力小于静电力时，胶体颗粒之间静电排斥势能占优势，颗粒的能垒足够大，布朗运动不能够克服它，即当总位能大于 0 时，颗粒将保持相对稳定的状态；相反，当总位能小于 0 时，颗粒则会发生团聚现象。

7.3.3 EPS 对胶体颗粒稳定性的影响特征

1）氧化铝（Al_2O_3）胶体颗粒的形貌特征

由于天然水体胶体颗粒多由铝、硅、铁类物质组成，故采用氧化铝胶体颗粒代表水环境中的胶体颗粒。场发射扫描电镜（FESEM）结果表明，该 Al_2O_3 胶体颗粒的粒径约为 10~30nm，颗粒间存在一定程度的团聚现象（图 7-13）；高分辨透射电镜（HRTEM）的结果进一步看出，Al_2O_3 胶体颗粒呈现多种形状，有杆状、多边形及椭圆状，电子衍射图表明其具有明显的晶体相。

（a）　　　　　　　　　　　　　　　　（b）

图 7-13　Al_2O_3 胶体颗粒的 FESEM（a）和 HRTEM（b）图

2）蓝藻 EPS 絮体对胶体颗粒稳定性的影响

从图 7-14（a）中可以看出，初始 Al_2O_3 胶体颗粒具有明显的团聚行为，其水力学粒径为（307 ± 19）nm。随着蓝藻 EPS 絮体浓度的不断升高，Al_2O_3 胶体颗粒的粒径不断减小。如当蓝藻 EPS 絮体浓度为 12mg/L 时，Al_2O_3 胶体颗粒的粒径从初始的（307 ± 19）nm 降低至（208 ± 31）nm；当 EPS 絮体浓度进一步增至 24mg/L 时，胶体颗粒粒径减小至（180 ± 26）nm，表明蓝藻 EPS 絮体降低了胶体颗粒的团聚性能，即增加了胶体颗粒的稳定性能。

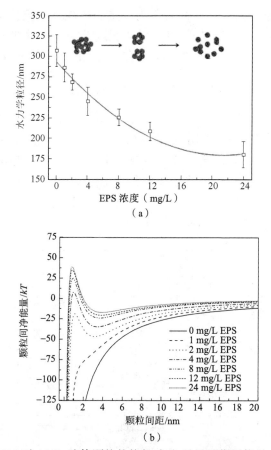

图 7-14　蓝藻 EPS 对 Al$_2$O$_3$ 胶体颗粒的粒径（a）及界面作用能量（b）的影响特征

　　蓝藻 EPS 絮体具有高分子量和多官能团特性，极易吸附在胶体颗粒表面，从而引起胶体颗粒界面能量的变化（Xu and Jiang, 2013）。为解释蓝藻 EPS 絮体提高胶体颗粒稳定性的机理，采用 DLVO 理论解析不同 EPS 絮体浓度下 Al$_2$O$_3$ 胶体颗粒间界面能量的变化。由图 7-14（b）可知，初始 Al$_2$O$_3$ 胶体颗粒间界面能量为负，表明胶体颗粒间吸引力大于排斥力，这也是引起初始 ZnO 胶体颗粒易团聚的原因。蓝藻 EPS 絮体的吸附过程显著提高了胶体颗粒间的能量势垒，如当蓝藻 EPS 絮体浓度从 2mg/L 增至 24mg/L 时，胶体颗粒间能量势垒从 $-19.3\ kT$ 增至 $39.3\ kT$。当 ZnO 胶体颗粒吸附蓝藻 EPS 絮体后，颗粒间的运动势能无法克服能量势垒，减缓了颗粒间团聚性能进而提高了胶体颗粒的稳定性（Liu et al., 2010）。

　　除了能量势垒外，二次能量势阱也是解析胶体稳定性的重要参数。当 EPS 浓度从 2mg/L 增加到 8mg/L 时，ZnO-EPS 络合物的二次能量势阱从 $-46.7\ kT$ 增加到 $-23.9\ kT$，当 EPS 浓度进一步增大到 24mg/L 时，二次能量势阱增加到

−16.9 *kT*。二次能量势阱值的升高表明需要更少的能量分散胶体团聚体，即胶体
颗粒团聚性能下降。所以，蓝藻 EPS 絮体通过吸附作用增加胶体颗粒表面负电
荷，提高了胶体颗粒间的斥能和稳定性（Liu et al., 2010; Su et al., 2013）。

3）电解质和 EPS 作用下胶体颗粒的团聚行为及机理

图 7-15 为电解质存在条件下 Al_2O_3 胶体颗粒的水力学粒径变化特征。可知，
环境电解质条件下胶体颗粒的水力学粒径变化遵守 DLVO 型变化特征，对于单
价电解质 Na^+ 来说，当其浓度为 1~5mmol/L 时，胶体颗粒的粒径变化较小；随
着 Na^+ 浓度的增大，胶体粒径逐渐增大，当电解质浓度增加至 170mmol/L 时，
胶体颗粒的粒径约为 600nm；然而当电解质 Na^+ 浓度进一步增加至 250mmol/L
时，胶体颗粒的团聚现象并未得到明显增强。

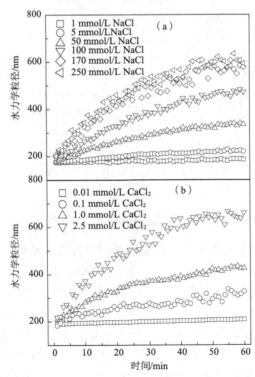

图 7-15　Al_2O_3 胶体颗粒在单价 Na^+（a）和二价 Ca^{2+}（b）电解质溶液中的团聚特征

与单价 Na^+ 相比，二价 Ca^{2+} 也会引起明显的胶体颗粒团聚，但是其引起胶
体颗粒团聚的浓度显著低于单价 Na^+。如图 7-15 所示，当 Ca^{2+} 为 0.1mmol/L 时，
胶体颗粒便出现了明显的团聚现象，而要达到同等程度的团聚现象则需要加入
50mmol/L 的 Na^+。此外，当溶液中 Ca^{2+} 浓度为 2.5mmol/L 时，胶体颗粒的粒径
便可达到 600nm 左右。引起这种现象的原因可能是因为二价阳离子比一价阳离

子具有更高的电荷密度，低浓度的二价电解质阳离子就可以通过压缩双电层作用引起胶体颗粒团聚（Liu et al., 2011; *Stankus et al., 2011*; Dong and Lo, 2013）。

不同电解质条件下胶体颗粒的黏附系数和界面能量变化如图 7-16 和图 7-17 所示。从图中可以看出，当 Na^+ 浓度小于 170mmol/L 时，随着 Na^+ 浓度的增大 α 值不断增加，此后随着 Na^+ 浓度继续增大 α 值不再变化。由 DLVO 理论可知，当电解质浓度较低时，阳离子可通过压缩双电层作用减小胶体颗粒的表面电位，减弱颗粒间的斥力，从而促使颗粒间相互碰撞而发生团聚（Huangfu et al., 2013），故 α 值随电解质浓度增加而增大，此即扩散控制团聚阶段；而当电解质浓度较高时，胶体颗粒的表面电位会达到临界电位，颗粒间的势垒会逐渐降低甚至消失，颗粒的每一次碰撞都会导致团聚行为的发生，所以 α 值几乎不再随电解质的浓度而变，此即反应控制团聚阶段。本节中，Al_2O_3 胶体颗粒在 NaCl 电解质条件下的临界团聚浓度为 170mmol/L。

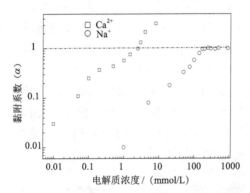

图 7-16 电解质浓度对 Al_2O_3 胶体颗粒黏附系数（α）的影响

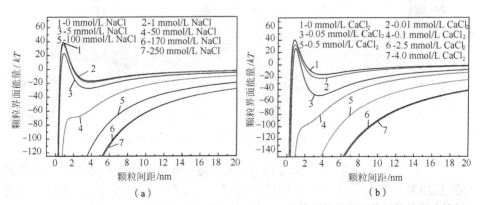

（a）   （b）

图 7-17 单价（a）和二价（b）电解质离子对 Al_2O_3 胶体颗粒的界面作用能的影响特征

对于二价电解质离子，在低浓度 Ca^{2+} 条件下胶体颗粒的聚集行为也具有典型的 DLVO 变化特征，即随着电解质离子浓度的增大，α 值也逐渐增大。二价 Ca^{2+} 的临界团聚浓度为 2.5mmol/L，该浓度显著低于单价 Na^+ 的临界团聚浓度（170mmol/L），表明二价电解质离子在降低颗粒间能量势垒和提高颗粒稳定性方面比单价 Na^+ 电解质离子具有更高的效率（Liu et al., 2011）。但是，进一步增大 Ca^{2+} 浓度时 α 值超过 1，根据 DLVO 理论，当胶体颗粒的黏附系数 $\alpha > 1$ 表明除布朗运动外还有其他的因素导致胶体颗粒的团聚（Dong and Lo, 2013; Lin et al., 2016）。在本节中，溶解态 EPS 絮体或胶体颗粒界面吸附的 EPS 絮体会与 Ca^{2+} 形成架桥，从而提高胶体颗粒的水力学粒径（Chin et al., 1998; Chen et al., 2011）。

4）胶体颗粒团聚行为原位观察

为了解胶体颗粒在不同电解质条件下的团聚机理，采用高分辨透射电镜分析了胶体颗粒在单价 Na^+ 和二价 Ca^{2+} 条件下团聚体的形貌特征（图 7-18）。由图可知，胶体颗粒团聚体在 Ca^{2+} 和 Na^+ 不同电解质条件下具有明显不同的形貌特征。具体而言，在 Ca^{2+} 存在条件下，Al_2O_3 胶体团聚的形态呈现凝胶状结构，而在 Na^+ 条件下则呈现紧密的团簇结构。电子衍射图谱结果进一步表明，Ca^{2+} 条件下形成的胶体颗粒团聚体包含两种晶型结构：单一衍射环（非晶型）和衍射点（晶型）（Liu et al., 2011; Dong and Lo, 2013）。晶型结构主要是 Al_2O_3 胶体颗粒，而非晶型结构则主要为 EPS-Ca 架桥区域（Xu et al., 2016）。然而，Na^+ 条件下 Al_2O_3 胶体颗粒团聚体中所有区域都有明显的衍射点[图 7-18（b）]，未发现 EPS-电解质离子架桥现象。

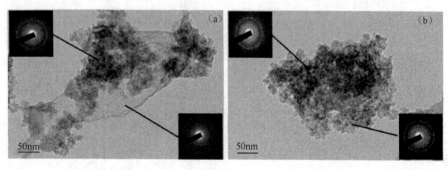

图 7-18　二价（a）和单价（b）电解质中 Al_2O_3 胶体颗粒的 HRTEM 特征

此外，采用场发射扫描电镜（FESEM）进一步证实了不同电解质条件下胶体颗粒团聚机理的差异性。图 7-19（a）为 Na^+ 条件下 Al_2O_3 胶体颗粒团聚体形貌及元素扫描图谱，元素铝和氧的强度分布与 Al_2O_3 胶体形状分布一致，但是元素碳的强度分布与 Al_2O_3 胶体形状却不一致。这些结果表明，氧元素主要来自胶体颗粒态表面 AlOH 官能团，而碳元素则主要是电镜观察所用碳膜引起的（Liu et al., 2011; Dong and Lo, 2013）。然而，钠和氯元素的强度分布均与胶体颗粒形貌具有高度的相似性，表明氯化钠均匀覆盖在胶体颗粒表面并通过压缩双电层作用导致了 Al_2O_3 胶体颗粒的团聚。

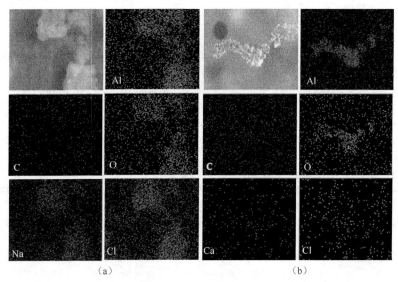

图 7-19　单价（a）和二价（b）电解质中 Al_2O_3 胶体颗粒的 FESEM 特征

与 Na^+ 相比，Al_2O_3 胶体颗粒在 Ca^{2+} 条件下存在明显的吸附架桥现象[图 7-19（b）]，这与 HRTEM 观察到的结果相似。其中，铝、氧和碳元素的强度分布也与 Na^+ 条件下的分布特征具有一致性。然而，钙和氯元素的强度分布与 Al_2O_3 胶体团聚体的形貌偏差较大，说明胶体颗粒在一价和二价电解质条件下具有不同的团聚机理。当单价电解质存在时，Na^+ 在胶体表面的引力抑制了双电层斥力，从而导致了胶体颗粒的团聚；而在 Ca^{2+} 存在时，虽然双电层作用也有助于胶体颗粒间的团聚，但 EPS-Ca^{2+} 之间的架桥作用才是导致 Al_2O_3 胶体颗粒团聚的主要原因。

参 考 文 献

Adams L K, Lyon D Y, Alvarez P J J. 2006. Comparative eco-toxicity of nanoscale TiO₂, SiO₂, and ZnO water suspensions[J]. Water Research, 40: 3527-3532.

Aiken G R, Hsu-Kim H, Ryan J N. 2011. Influence of dissolved organic matter on the environmental fate of metals, nanoparticles, and colloids[J]. Environmental Science and Technology, 45: 3196-3201.

Baalousha M, Nur Y, Römer I, et al. 2013. Effect of monovalent and divalent cations, anions and fulvic acid on aggregation of citrate-coated silver nanoparticles[J]. Science of the Total Environment, 454-455:

119-131.

Bai Y C, Lin D H, Wu F C, et al. 2010. Adsorption of Triton X-series surfactants and its role in stabilizing multi-walled carbon nanotube suspensions[J]. Chemosphere, 79: 362-367.

Bian S W, Mudunkotuwa I A, Rupasinghe T, et al. 2011. Aggregation and dissolution of 4nm ZnO nanoparticles in aqueous environments: Influence of pH, ionic strength, size, and adsorption of humic acid[J]. Langmuir, 27: 6059-6068.

Buffle J, Leppard G G. 1995. Characterization of aquatic colloids and macromolecules. 1.Structure and behavior of colloidal material[J]. Environmental Science and Technology, 29(9): 2169-2175.

Chen C S, Anaya J M, Zhang S J, et al. 2011. Effects of engineered nanoparticles on the assembly of exopolymeric substances from phytoplankton[J]. PLoS One, 6(7): e21865.

Chen K L, Elimelech M. 2009. Relating colloidal stability of fullerene(C60) nanoparticles to nanoparticle charge and electrokinetic properties[J]. Environmental Science and Technology, 43: 7270-7276.

Chen K L, Mylon S E, Elimelech M. 2006. Aggregation kinetics of alginate-coated hematite nanoparticles in monovalent and divalent electrolytes[J]. Environmental Science and Technology, 40(5): 1516-1523.

Chen P Y, Powell B A, Mortimer M, et al. 2012. Adaptive interactions between zinc oxide nanoparticles and *Chlorella* sp.[J]. Environmental Science and Technology, 46: 12178-12185.

Chin W C, Orellana M V, Verdugo P. 1998. Spontaneous assembly of marine dissolved organic matter into polymer gels[J]. Nature, 391(6667): 568-572.

Dong H R, Lo I M C. 2013. Influence of calcium ions on the colloidal stability of surface-modified nano zero-valent iron in the absence or presence of humic acid[J]. Water Research, 47: 2489-2496.

Erhayem M, Sohn M. 2014. Stability studies for titanium dioxide nanoparticles upon adsorption of suwannee river humic and fulvic acids and natural organic matter[J]. Science of the Total Environment, 468-469: 249-257.

Filella M, Rellstab C, Chanudet V, et al. 2008. Effect of the filter feeder *Daphnia* on the particle size distribution of inorganic colloids in freshwaters[J]. Water Research, 42(8-9): 1919-1924.

French R A, Jacobson A R, Kim B, et al. 2009. Influence of ionic strength, pH, and cation valence on aggregation kinetics of titanium dioxide nanoparticles[J]. Environmental Science and Technology, 43(5): 1354-1359.

Furman O, Usenko S, Lau B L T. 2013. Relative importance of the humic and fulvic fractions of natural organic matter in the aggregation and deposition of silver nanoparticles[J]. Environmental Science and Technology, 47(3): 1349-1356.

Ganguly S, Chakraborty S. 2011. Sedimentation of nanoparticles in nanoscale colloidal suspensions[J]. Physics Letters A, 375(24): 2394-2399.

Ge Y, Schimel J P, Holden P A. 2010. Evidence for negative effects of TiO_2 and ZnO nanoparticles on soil bacterial communities[J]. Environmental Science and Technology, 45: 1659-1664.

Ghosh S, Mashayekhi H, Bhowmik P, et al. 2010. Colloidal stability of Al_2O_3 nanoparticles as affected by coating of structurally different humic acids[J]. Langmuir, 26(2): 873-879.

Hu Y D, Lee B, Bell C, et al. 2012. Environmentally abundant anions influence the nucleation, growth, ostwald ripening, and aggregation of hydrous Fe(III) oxides[J]. Langmuir, 28(20): 7737-7746.

Huang C C, Zou J, Li Y M, et al. 2014. Assessment of NIR-red algorithms for observation of chlorophyll-a in highly turbid inland waters in China[J]. ISPRS Journal of Photogrammetry and Remote Sensing, 93: 29-39.

Huangfu X L, Jiang J, Ma J, et al. 2013. Aggregation kinetics of manganese dioxide colloids in aqueous solution: Influence of humic substances and biomacromolecules[J]. Environmental Science and

Technology, 47(18): 10285-10292.

Hur J, Jung K Y, Jung Y M. 2011. Characterization of spectral responses of humic substances upon UV irradiation using two-dimensional correlation spectroscopy[J]. Water Research, 45(9): 2965-2974.

Huynh K A, Chen K L. 2011. Aggregation kinetics of citrate and polyvinylpyrrolidone coated silver nanoparticles in monovalent and divalent electrolyte solutions[J]. Environmental Science and Technology, 45(13): 5564-5571.

Ishii S K L, Boyer T H. 2012. Behavior of reoccurring PARAFAC components in fluorescent dissolved organic matter in natural and engineered systems: A critical review[J]. Environmental Science and Technology, 46: 2006-2017.

Khan S S, Mukherjee A, Chandrasekaran N. 2011a. Impact of exopolysaccharides on the stability of silver nanoparticles in water[J]. Water Research, 45: 5184-5190.

Khan S S, Srivatsan P, Vaishnavi N, et al. 2011b. Interaction of silver nanoparticles(SNPs) with bacterial extracellular proteins(ECPs) and its adsorption isotherms and kinetics[J]. Journal of Hazardous Materials, 192: 299-306.

Li M, Lin D H, Zhu L Z. 2013. Effects of water chemistry on the dissolution of ZnO nanoparticles and their toxicity to *Escherichia coli*[J]. Environmental Pollution, 173: 97-102.

Li X, Lenhart J J, Walker H W. 2010. Dissolution-accompanied aggregation kinetics of silver nanoparticles[J]. Langmuir, 26(22): 16690-16698.

Liang L, Luo L, Zhang S Z. 2011. Adsorption and desorption of humic and fulvic acids on SiO_2 particles at nano-and micro-scales[J]. Colloids and Surfaces A: Physicochemical and Engineering Aspects, 384: 126-130.

Liang L, Morgan J J. 1990. Chemical aspects of iron oxide coagulation in water: Laboratory studies and implications for natural systems[J]. Aquatic Sciences, 52(1): 32-55.

Lin D, Story D, Walker S L, et al. 2016. Influence of extracellular polymeric substances on the aggregation kinetics of TiO_2 nanoparticles[J]. Water Research, 104: 381-388.

Liu J F, Legros S, Kammer F, et al. 2013. Natural organic matter concentration and hydrochemistry influence aggregation kinetics of functionalized engineered nanoparticles[J]. Environmental Science and Technology, 47(9): 4113-4120.

Liu X M, Sheng G P, Luo H W, et al. 2010. Contribution of extracellular polymeric substances(EPS) to the sludge aggregation[J]. Environmental Science and Technology, 44: 4355-4360.

Liu X Y, Wazne M, Chou T M, et al. 2011. Influence of Ca^{2+} and Suwannee river humic acid on aggregation of silicon nanoparticles in aqueous media[J]. Water Research, 45(1), 105-112.

Ma H B, Williams P L, Diamond S A. 2013. Ecotoxicity of manufactured ZnO nanoparticles: A review[J]. Environmental Pollution, 172: 76-85.

Ma R, Levard C, Michel F M, et al. 2013. Sulfidation mechanism for zinc oxide nanoparticles and the effect of sulfidation on their solubility[J]. Environmental Science and Technology, 47: 2527-2534.

Noda I, Ozaki Y. 2004. Two-dimensional Correlation Spectroscopy: Applications in Vibrational and Optical Spectroscopy[M]. London: John Wiley and Sons Inc.

Norén K, Loring J S, Persson P. 2008. Adsorption of alpha amino acids at the water/goethite interface[J]. Journal of Colloid and Interface Science, 319: 416-428.

Paerl H W, Paul V J. 2012. Climate change: Links to global expansion of harmful cyanobacteria[J]. Water Research, 46: 1349-1363.

Pakrashi S, Dalai S, Sabat D, et al. 2011. Cytotoxicity of Al_2O_3 nnanoparticles at low exposure levels to a freshwater bacterial isolate[J]. Chemical Research in Toxicology, 24(11): 1899-1904.

Schaumann G E. 2014. Interactions of dissolved organic matter with natural and engineered inorganic colloids: A review[J]. Environmental Science and Technology, 48(16): 8946-8962.

Stankus D P, Lohse S E, Hutchison J E, et al. 2011. Interactions between natural organic matter and gold nanoparticles stabilized with different organic capping agents[J]. Environmental Science and Technology, 45(8): 3238-3244.

Su Y, Cui H, Li Q, et al. 2013. Strong adsorption of phosphate by amorphous zirconium oxide nanoparticles[J]. Water Research, 47: 5018-5026.

Tipping E. 2004. Cation Binding by Humic Substances[M]. Cambridge: Cambridge University Press.

Wang L L, Wang L F, Ren X M, et al. 2012. pH dependence of structure and surface properties of microbial EPS[J]. Environmental Science and Technology, 46: 737-744.

Wilkinson K J, Reinhardt A. 2005. Contrasting roles of natural organic matter on colloidal stabilization and flocculation in freshwaters//Droppo I G, Leppard G G, Liss S N, et al. Flocculation in Natural and Engineered Environmental Systems[M]. Boca Raton: CRC Press: 143-170.

Wu B, Wang Y, Lee Y S, et al. 2010. Comparative eco-toxicities of nano-ZnO particles under aquatic and aerosol exposure modes[J]. Environmental Science and Technology, 44: 1484-1489.

Xia T, Kovochich M, Liong M, et al. 2008. Comparison of the mechanism of toxicity of zinc oxide and cerium oxide nanoparticles based on dissolution and oxidative stress properties[J]. ACS Nano, 2: 2121-2134.

Xu H C, Cai H Y, Yu G H, et al. 2013. Insights into extracellular polymeric substances of cyanobacterium *Microcystis aeruginosa* using fractionation procedure and parallel factor analysis[J]. Water Research, 47(6): 2005-2014.

Xu H C, Jiang H L. 2013. UV-induced photochemical heterogeneity of dissolved and attached organic matter associated with cyanobacterial blooms in a eutrophic freshwater lake[J]. Water Research, 47(17): 6506-6515.

Xu H C, Lv H, Liu X, et al. 2016. Electrolyte cations binding with extracellular polymeric substances enhanced *Microcystis* aggregation: Implication for *Microcystis* bloom formation in eutrophic freshwater lakes[J]. Environmental Science and Technology, 50(17): 9034-9043.

Xu H C, Yang C M, Jiang H L. 2016. Aggregation kinetics of inorganic colloids in eutrophic shallow lakes: Influence of cyanobacterial extracellular polymeric substances and electrolyte cations[J]. Water Research, 106: 344-351.

Xu H C, Yu G H, Jiang H L. 2013. Investigation on extracellular polymeric substances from mucilaginous cyanobacterial blooms in eutrophic freshwater lakes[J]. Chemosphere, 93: 75-81.

Yang K, Lin D H, Xing B S. 2009. Interactions of humic acid with nanosized inorganic oxides[J]. Langmuir, 25: 3571-3576.

Yu G H, Wu M J, Wei G R, et al. 2012. Binding of organic ligands with Al(III) in dissolved organic matter from soil: Implications for soil organic carbon storage[J]. Environmental Science and Technology, 46: 6102-6109.

Yu T, Zhang Y, Wu F C, et al. 2013. Six-decade change in water chemistry of large freshwater Lake Taihu, China[J]. Environmental Science and Technology, 47(16): 9093-9101.

Zhang M, Duan H T, Shi X L, et al. 2012a. Contributions of meteorology to the phenology of cyanobacterial blooms: Implizcations for future climate change[J]. Water Research, 46: 442-452.

Zhang S J, Jiang Y L, Chen C S, et al. 2012b. Aggregation, dissolution, and stability of quantum dots in marine environments: Importance of extracellular polymeric substances[J]. Environmental Science and Technology, 46(16): 8764-8772.

Zhang W, Rattanaudompol U, Li H, et al. 2013. Effects of humic and fulvic acids on aggregation of aqu/nC$_{60}$

nanoparticles[J]. Water Research, 47(5): 1793-1802.

Zhang Y, Chen Y S, Westerhoff P, et al. 2009. Impact of natural organic matter and divalent cations on the stability of aqueous nanoparticles[J]. Water Research, 43(17): 4249-4257.

Zhou D X, Keller A A. 2010. Role of morphology in the aggregation kinetics of ZnO nanoparticles[J]. Water Research, 44: 2948-2956.

Zimba P V, Gitelson A. 2006. Remote estimation of chlorophyll concentration in hyper-eutrophic aquatic systems: Model tuning and accuracy optimization[J]. Aquaculture, 256(1-4): 272-286.